실무중심으로 과학적인 과자 만들기를 설명
기능사 자격 취득과 기능 습득을 위한 이론정리 해설

새로운
제과이론의 실제

신길만 · 신솔 · 안종섭 공저

Actuality of Confectionary Theory

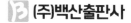 (주)백산출판사

머리말

21세기 경제의 고도성장과 생활 수준의 향상으로 과자와 빵에 대한 관심이 높아지고 있다. 과자는 부드러운 무스와 카스테라에서 딱딱한 파이나 쿠키에 이르기까지 다양한 품목으로 구성되어 있다. 이 책은 제과기능사 자격을 취득하거나 제과 분야로 진출하기 위하여 과자를 만드는 기능을 습득하기 위해 노력하는 분들을 위하여 제과이론을 집약하여 집필하였다. 저자가 오랜 기간 동안을 제과를 연구하고 학생들을 지도하면서 현장에서 터득한 여러 가지 제과 원리와 기능 습득에 필요한 명확한 이론과 과학적인 분석으로 정립할 수 있었으면 하는 생각에서 이론들을 정리하였다.

과자 만들기는 과학적인 지식과 기초가 중요하다. 과자의 종류와 분류, 재료들의 특성과 가공 방법, 반죽의 믹싱, 혼합과 휴지, 굽기와 마무리, 데커레이션에 이르기까지 정성과 위생적이며 과학적인 이론 습득이 필요하다.

과자 만들기의 명확한 기초이론을 터득하고 습득하는 것은 제과기능사 취득을 위하고, 제과의 여러가지 제품의 실습 완성에 필요하기 때문이다. 과자 만들기의 기본에서 응용에 이르기까지 기술을 습득할 수 있도록 체계적으로 편성하였다.

과자 만들기를 위한 반죽의 이해와 만드는 법을 자세하고 세밀하게 설명하였으며, 제법의 과학적인 방법을 이해할 수 있도록 이론으로 정리하였다.

과자 만들기의 역사, 제조과정과 유의할 점, 제품 항목들도 설명하였으며, 만드는 순서를 이해하기 위하여 각각의 과정별 중요사항을 이해할 수 있도록 자세하게 서술을 하려고 하였다. 본 제과이론 서적을 통하여 제과 기술의 과학적인 사고로 기술을 취득하고 여러 신제품의 개발 방법과 분석적인 원리를 터득하여 다양한 제품을 만드는 기술을 습득할 수 있도록 하였으면 하는 것이 저자의 바람이다.

본 서적의 구성은 제1장 과자의 역사는 어떻게 되는가? 제2장 스펀지케이크의 반죽은 어떻게 되는가? 제3장 버터케이크(Butter cake)는 어떻게 되는가? 제4장 쿠키(비스킷) 반죽(영 · Sponge, 프 · Biscuit, 독 · Biskuit)은 어떻게 되는가? 제5장 슈(프 · Pate a Chou

영·Cream)는 어떻게 되는가? 제6장 파이 반죽(접는 반죽, 퓨타쥬, Feuilletage)은 어떻게 되는가? 제7장 타르트(Tarte)는 어떻게 되는가? 제8장 푸딩(Pudding)이란 어떻게 되는가? 제9장 앙트르메(프·Entremets)는 어떻게 되는가? 제10장 수플레(영·프·Souffle 독·Auflauf)란 어떻게 되는가? 제11장 크레프(영·Pan cake, 프·Crepes)란 어떻게 되는가? 제12장 바바루아(영·Bavarian Cream, 프·Bavarois, 독·Bayrischer Krem)란 어떻게 되는가? 제13장 아이싱(Icing, 프·Glacage)은 어떻게 되는가? 제14장 크림류(영·Creme, 독·Krem)는 어떻게 되는가? 제15장 설탕 과자의 정의는 어떻게 되는가? 제16장 발효 반죽은 어떻게 되는가? 제17장 공예 과자(장식과자)는 어떻게 되는가? 제18장 얼음과자는 어떻게 되는가? 로 총 18장으로 과자를 분류하여 이론을 정리하여 편성되어있다.

끝으로 본 서적의 출판에 도움을 주신 김포대학교 전홍건 이사장님, 정형진 총장님, 여러 교수님, 교직원 여러분께 진심으로 감사를 드립니다.

본 서적을 출판해 주신 (주)백산출판사 진욱상 대표님, 김호철 편집부장님과 직원 여러분께도 감사를 드립니다.

2020년 6월
저자 일동

차례

제**1**장

과자의 역사는
어떻게 되는가?

제**1**장

과자의 역사는 어떻게 되는가?

제1절 과자의 역사와 정의는 어떻게 되는가?

1. 과자의 탄생은 언제인가?

과자의 탄생은 기원전 3,000년경 이집트 시대라고 한다. 과자의 기원은 밀가루에 과실, 우유를 넣고 꿀이나 기름을 칠해 만들었던 것이라 한다.

그리스 시대에 전병(타드)이 생겨났고, 로마 시대는 비스킷 모양의 전병(오프라테)에 대한 기록이 남아 있다.

동양에서 과자의 한자인 "菓子(과자)"는 천연의 과실 "果實(과실)"의 가짜 과일이라는 뜻을 지닌다. 동양의 과자 기원은 중국에서 "대추의 열매를 말린 것"을 의미한 것이라는 추측이 있다.

2. 세계 과자의 발달은 어떻게 되는가?

세계 과자의 발달은 이집트 시대, 그리스 시대, 로마 시대, 중세 시대, 르네상스 시대, 프랑스왕조 시대, 근대~현대 시대를 걸쳐 발전해오고 있다.

순서	시대	연도	과자의 발달 설명
1	이집트 시대	BC 3000 ~ BC 500년	고대 이집트 시대에 밀가루를 사용한 **빵** 반죽에 과일을 넣어 과자가 만들어졌다.
2	그리스 시대	BC 600 ~ BC 350년	이집트 시대에서 그리스로 전래된 **빵** 굽는 기술이 여러 가지 과자를 만들게 되었다.
3	로마 시대	BC 250 ~ AD 500년	로마 시대는 알렉산더 대왕이 동방에서 가져온 설탕이 로마 사회에 들어와 과자 만들기에 보급되었다.
4	중세 시대	AD 500 ~ 1400년	중세 시대는 그리스도교 전파에 따라 수도원에서 종교 제사용 과자, 전교용 과자가 만들어졌다.
5	르네상스 시대	1400 ~ 1500년	르네상스 시대에 커피, 카카오, 스파이스 등 새로운 재료의 유입으로 과자가 크게 발달되었다.
6	프랑스 왕조 시대	1500 ~ 1700년	프랑스 왕조 시대에 오늘날 과자의 원형을 만들었다.
7	근대 ~ 현대 시대	1700년	현대 시대는 귀족 과자에서 일반인의 과자로 변화하였다.

3. 과자의 의의는 어떻게 되는가?

과자의 의의는 식생활에 영양 보급의 역할, 화기애애한 분위기, 육체 피로의 회복, 원기 보충, 스트레스 해소, 기분전환의 역할을 주며 단란한 시간을 갖게 해준다.

4. 과자의 식생활 위치는 어떻게 되는가?

과자의 식생활 위치는 식생활에 꿈과 즐거움을 주며, 다양한 모습으로 발전하였다. 과자는 곡류, 달걀, 유지, 유제품, 과일, 넛류, 여러 가지 첨가물 등 식품 재료가 자유롭고 잘 조화된 식문화 변화와 식생활 다양화로 중요한 위치를 차지하고 있다.

5. 과자의 정의는 어떻게 되는가?

과자의 정의는 기호를 만족시키며 모양과 형태가 있어야 하며 제조된 것을 그대로 먹을 수 있고, 영양적, 위생적이어야 한다.

6. 좋은 과자의 조건은 어떻게 되는가?

좋은 과자의 조건은 좋은 재료, 신선한 재료의 선택, 각각의 재료의 특성을 파악하고 적절하게 가공하여야 한다. 제품을 만드는 데 시간과 정성, 노력이 필요하다. 재료의 관리, 제조 방법 관리, 위생관리도 중요하며 신제품 개발, 점포 진열 노력과 판매에 힘써야 한다.

7. 좋은 과자를 만드는 조건은 어떻게 되는가?

좋은 과자를 만드는 조건은 좋은 재료의 선택, 재료의 특성 파악과 가공, 제조의 정성과 노력, 신제품 개발과 포장이다.

순서	제조과정	좋은 과자를 만드는 조건
1	좋은 재료의 선택	좋은 재료를 잘 확인하여 맛이 좋은 것, 신선한 것을 선택한다.
2	재료의 특성 파악과 가공	재료 특성과 기능을 파악하고 적절한 가공이 필요하다.
3	제조의 정성과 노력	과자의 제조 방법, 정성과 기술 향상에 노력한다.
4	신제품 개발과 포장	신제품의 개발, 건조, 노화 방지, 포장과 이미지개발에 노력한다.

8. 과자 만들기의 요건은 어떻게 되는가?

과자 만들기의 요건은 미적, 미각적, 위생적, 영양적으로 우수하게 해야 한다. 과자 만들기는 재료의 배합과 혼합이다. 과자의 모양, 향미 등의 기호적인 가치, 그대로 먹을 수 있는 실용적, 위생적인 가치, 재료 혼합에 의한 영양적인 가치를 높이는 작업이다.

순서	제조 요건	과자 만들기의 요건
1	미적으로 훌륭할 것	과자는 모양이 아름답고 먹고 싶다는 느낌이 들게 형태, 색상, 광택을 좋게 하는 예술적인 감각이 필요하다.
2	미각적으로 뛰어날 것	과자는 맛이 중요하며, 향, 입안 촉감 등으로 결정된다.
3	위생적일 것	과자는 그대로 먹을 수 있는 식품이므로 위생 면이 중요하다.
4	영양적으로 우수할 것	과자는 영양적으로 우수해야 하는 식품으로 열량과 영양 성분표시가 필요하다.

9. 과자점을 구성하는 4가지 요소는 어떻게 되는가?

과자점을 구성하는 4가지 요소는 과자를 만드는 사람, 과자를 만드는 장소, 점포와 설비, 재료와 과자의 제조 기술, 서비스이다.

순서	과자점의 요소	과자점의 4가지 요소
1	사람(인재육성)	젊은 기술자 육성, 지식과 기술의 습득이 중요하다.
2	기계 설비	제조 목적에 맞는 기계를 선택하여 설비한다.
3	원재료	좋은 재료를 사용해야 하며 원재료들의 맛의 조화에 노력한다.
4	포장(서비스)	마음과 정성이 있는 포장과 서비스를 손님께 제공한다.

10. 과자 만들기의 위생관리는 어떻게 하는가?

과자 만들기의 위생관리는 재료의 점검, 보관장소, 이물질 혼입 방지, 제품의 보관과 포장, 작업장, 기계 도구의 청결, 개인위생을 철저히 하는 것이다.

순서	위생관리 요소	과자 만들기 위생관리
1	재료의 점검	과자 제조는 사용하는 재료를 잘 음미하며, 식품첨가물은 허가된 것, 사용기준을 지켜 사용하는 재료 점검이 필요하다.
2	제품 보관장소	제품 보관장소에 쥐, 벌레의 피해가 없도록 하며 품질변화가 없게 한다.
3	이물질 혼입 방지	제조과정에 이물질이 혼입되지 않도록 하며 가루류의 체질을 한다.
4	제품 보관, 포장	제품 보관, 포장으로 품질변화가 생기지 않도록 한다.
5	작업장 청결	작업장은 청결하게 유지하며 기계, 도구의 정리 정돈을 잘한다.
6	개인위생 철저	작업복, 모자 착용, 손 씻기, 개인위생 철저 의식을 높인다.

제2절 과자의 분류는 어떻게 되는가?

1. 과자의 분류는 어떻게 되는가?

과자의 분류는 반죽에 따라 구움 과자, 설탕 과자, 냉과자로 반죽의 종류에 따라서 3종류로 나뉜다. 수분함량에 따라서 생과자, 반생 과자, 건조 과자로 나뉜다.

과자는 반죽(믹싱)을 하여 오븐에서 구워낸 것으로 일반적으로 케이크 전반을 통틀어 만들어진 것을 뜻한다.

2. 과자 반죽에 따른 종류는 어떻게 되는가?

과자 반죽에 따른 종류는 구움 과자, 설탕 과자, 냉과자 3가지가 있다.

1) 구움 과자(파티스리, patisserie)는 어떻게 되는가?

구움 과자는 "오븐에서 굽는 과자"를 총칭하며 반죽한 과자, 일반 과자를 뜻한다.

구움 과자의 종류는 스펀지케이크류, 버터케이크류, 쿠키류, 발효 과자류, 타르트류, 파이류, 슈류, 머랭류, 와플류가 있다.

2) 설탕 과자(콘피스리, confiserie)는 어떻게 되는가?

설탕 과자는 설탕에 절이거나 시럽으로 끓여 가공한 과자로 설탕 과자, 엿, 초콜릿, 캔디, 젤리, 드롭프스, 과일 절임류가 있다.

3) 냉과자(글라스, glace)는 어떻게 되는가?

냉과자는 얼음에서 파생된 "차가운 과자"로 아이스크림, 셔벗, 빙수, 젤리가 있다.

4) 반죽에 의한 과자의 종류는 어떻게 되는가?

반죽에 의한 과자의 종류는 구움 과자, 설탕 과자, 얼음과자가 있다.

과자 분류	반죽의 구분	반죽에 따른 과자의 종류
Ⅰ. 구움 과자 (파티시에, patisserie)	스펀지케이크류	쇼트케이크, 롤케이크, 카스테라, 데커레이션 케이크
	버터케이크류	파운드케이크, 과일 케이크, 머핀, 치즈케이크, 바움쿠헨
	쿠키류	버터 쿠키, 쇼트브레드 쿠키, 냉동쿠키, 머랭 쿠키
	타르트류	과일 타르트, 호두 타르트, 타르틀레트
	파이류	사과 파이, 호두 파이, 밀피유, 리플파이
	슈류	슈 아라크렘, 에클레어, 샹토노렌, 추로스
	발효 과자류	데니쉬 페이스트리, 브리오슈, 사바랭, 바바
	와플류	와플
Ⅱ. 설탕 과자 (콘피스리 confiseri)	초콜릿	초콜릿, 초콜릿 가공품, 초콜릿 봉봉, 생초콜릿
	캐러멜, 사탕, 드롭스, 엿, 펀던드	사탕, 캐러멜, 드롭스, 엿, 펀던트
	과일 절임	설탕에 절인 과일류, 오렌지필, 레몬필
	젤리류	설탕이 들어간 젤리류, 오렌지젤리, 레몬젤리, 커피젤리
Ⅲ. 냉과자 (글라스, glace)	아이스크림류	크림 냉과류(바닐라, 카페, 초콜릿, 과일 아이스크림)
	셔벗류	레몬셔벗, 산딸기셔벗, 술셔벗
	무스류	생크림 무스, 과일 무스, 초콜릿 무스, 딸기 무스
	푸딩류	차가운 푸딩, 따뜻한 푸딩
	바바루아류	바바루아

3. 수분함량에 의한 과자의 분류는 어떻게 되는가?

수분함량에 따른 과자의 분류는 생과자, 반 생과자, 건조 과자로 나눈다.

수분함량	반죽의 구분	수분함량에 따른 과자 분류 제품
I. 생과자 (生菓子)	1. 스펀지케이크류	쇼트케이크, 롤케이크, 카스테라, 데커레이션 케이크
	2. 버터케이크류	파운드케이크, 과일 케이크, 머핀, 치즈케이크, 바움쿠헨
	3. 슈류	슈 아라크렘, 에클레어, 상토노렌
	4. 발효 과자류	데니쉬 페이스트리, 브리오슈, 사바랭, 바바
	5. 파이류	사과 파이, 밀피유, 리플파이
	6. 타르트류	과일 타르트, 호두 타르트, 타르틀레트
	7. 와플류	와플
	8. 디저트 과자류	젤리, 무스, 푸딩, 바바루아, 크레프, 팬케이크
	9. 요리 과자	피자, 고기 파이
II. 반 생과자 (半 生菓子)	1. 스펀지케이크류	
	2. 버터케이크류	
	3. 발효 과자류	
	4. 일부 과자류	
	5. 타르트류	
	6. 파이류	
	7. 설탕 절임류	
III. 건조 과자 (乾燥 菓子)	1. 쿠키, 비스킷류	쿠키, 비스킷, 크래커, 웨하스, 건빵
	2. 스낵류	감자 스낵, 고구마 스낵, 옥수수 스낵
	3. 초콜릿류	초콜릿 제품
	4. 껌류	일반 껌, 풍선껌, 캔디 껌
	5. 캔디류	캐러멜, 드롭프스, 캔디, 젤리, 봉봉

4. 과자 만들기의 중요사항은 어떻게 되는가?

　과자 만들기의 중요사항은 재료계량, 재료 섞기, 반죽 늘리기, 굽기, 데커레이션, 포장하기, 판매하기의 7가지이다. 과자 만들기는 믹서기, 제조실, 기계류, 여러 가지 도구류가 필요하다.

순서	주요 사항	과자 만들기의 순서	확인
1	재료계량	재료계량은 과자 만들기에서 중요한 사항 중 하나가 재료의 분량을 정확히 계량하는 것이며, 저울, 계량스푼, 계량컵을 사용한다.	
2	재료 섞기 (믹서)	재료 섞기는 제조 용도에 맞게 반죽을 만들기 위해 중요하다.	
		재료를 섞는 도구는 거품기, 고무 주걱, 나무 주걱, 카드, 믹서기가 있으며, 과자의 매우 중요한 식감이나 모양을 좌우한다.	
		체의 크기는 용도에 맞게 골라서 사용하며 밀가루 체, 설탕 체, 고운 체가 있다.	
3	재료 믹싱 (혼합)	재료 섞기는 과자를 만드는 가장 중요한 과정으로 섞는 순서가 맛이나 제품을 결정한다.	
		재료 섞기에 친숙한 도구는 거품기, 믹서기, 핸드 믹서기, 볼, 고무 주걱, 나무 주걱, 카드가 있다.	
4	반죽 늘리기	반죽 늘리기는 과자 만들기를 좌우하는 중요한 작업이다.	
		반죽을 늘려 펴는 데 중요한 도구는 밀대, 파이 롤러, 카드, 스패츌러 등 다양하다.	
5	반죽 굽기	반죽의 굽기는 굽는 시간, 굽기 온도가 중요하며 굽기는 오븐, 팬, 틀을 사용한다.	
6	데커레이션	데커레이션은 과자의 모양을 예쁘게 만들기 위해 모양에 따른 짤 주머니, 짤 깍지, 팔레트 나이프, 회전 틀을 사용하여 데커레이션을 한다.	
7	제품 포장하기	제품 포장하기는 제품에 따라 포장지와 포장 기계를 사용한다.	
8	제품 보관하기	제품 보관하기는 제품에 따라 보관장소, 보관 온도를 적합하게 관리한다.	
9	제품 판매하기	제품 판매하기는 가장 중요하며 손님에게 신속하고 정성스런 서비스가 필요하다.	

제**2**장

스펀지케이크의 반죽은 어떻게 되는가?

제**2**장

스펀지케이크의 반죽은 어떻게 되는가?

제1절 스펀지케이크(Sponge Cake)의 반죽은 어떻게 되는가?

1. 스펀지케이크의 정의는 어떻게 되는가?

스펀지케이크의 정의는 제품의 내상 상태가 "스펀지처럼 되어있어" 붙어진 이름이며, 프랑스는 비스퀴(biscuits), 독일은 비스큐트(biskuit)라 부른다.

스펀지케이크는 과자의 기초로 달걀의 수분과 흰자의 거품을 이용하며 배합, 사용용도, 마무리 방법에 따라 여러 가지 제조 기술이 필요하다.

2. 스펀지케이크의 분류는 어떻게 되는가?

스펀지케이크의 분류는 작업공정, 배합, 반죽의 비중에 따라서 3가지로 분류된다.

순서	작업 과정	제법 종류	스펀지의 작업공정, 배합, 비중의 분류	확인
1	스펀지케이크의 작업공정	공립법 스펀지	달걀 전란인 노른자, 흰자를 함께 거품을 올려 만든다.	
		별립법 스펀지	달걀을 흰자와 노른자로 분리하여 각각의 거품을 올린 다음 흰자와 노른자를 섞어 합친다.	

2	스펀지케이크의 배합	기본 배합 스펀지	기본 재료는 달걀, 설탕, 박력분 3가지로 만드는 스펀지케이크이다.	
		유지 첨가 스펀지	유지(버터)를 첨가하는 버터 스펀지케이크가 있다.	
		풍미 첨가 스펀지	코코아, 커피, 녹차의 풍미 재료를 첨가하는 코코아, 커피, 녹차 스펀지케이크가 있다.	
		넛류 첨가 스펀지	아몬드 분말, 넛류 분말을 첨가한 아몬드 스펀지케이크가 있다.	
3	스펀지케이크의 반죽 비중	가벼운 스펀지케이크	달걀 배합량이 많은 스펀지케이크로 비중은 0.40~0.45 정도이다.	
		중간 스펀지케이크	밀가루, 설탕의 배합량이 중간인 스펀지케이크로 비중은 0.45~0.50 정도이다.	
		무거운 스펀지케이크	밀가루, 설탕의 배합량이 많은 무거운 스펀지케이크로 비중은 0.50~0.55 정도이다.	

3. 스펀지케이크의 재료와 역할은 어떻게 되는가?

스펀지케이크의 기본 재료는 박력분, 달걀, 설탕 3가지이다. 재료의 역할은 유지(버터)와 넛류 분말, 코코아, 커피, 과일, 향료를 추가하여 다양한 조화와 맛을 만드는 것이다.

순서	재료명	스펀지케이크의 재료의 역할	확인
1	박력분	박력분은 제품의 형태를 만들며, 첨가 비율이 낮아야 제품이 가볍고 부드러운 식감의 스펀지케이크를 만들 수 있으며 첨가 비율이 높으면 딱딱하다.	
2	달걀	달걀은 스펀지케이크를 만드는 가장 중요한 재료로 거품을 올려 반죽 안에 많은 기포를 형성시켜 부드럽게 한다.	
3	설탕	설탕은 단맛과 기포의 안정, 촉촉함, 전분 노화 방지, 보존성 향상, 제품의 색깔을 낸다.	
4	유지 (버터)	유지는 풍미 부여와 기공을 조밀하게 하며 스펀지케이크를 무겁게 한다.	
5	전분	전분은 박력분에 대비하여 12%까지 바꾸어 사용하며 부드러움을 준다.	
6	코코아	코코아는 초콜릿 맛을 내게 하며 박력분의 양을 20~30% 바꾸어 사용한다.	
7	초콜릿	초콜릿은 초콜릿 풍미를 부여하며 녹여서 넣는다.	
8	넛류	넛류는 고소한 맛을 부여하며 아몬드 분말, 호두를 많이 사용한다.	

9	바닐라	바닐라는 달걀의 비린 맛을 없애고 온화한 맛을 내며 0.5% 사용한다.	
10	팽창제	팽창제는 반죽을 부풀리며 베이킹파우더, 베이킹소다, 이스트 파우더 등을 1~2% 정도 첨가하여 사용한다.	
11	우유	우유는 영양과 맛을 증가시키며 물 대신 사용하여 수분함량을 조절한다.	
12	소금	소금은 1~2% 정도 사용하여 짠맛을 주며 설탕의 단맛 대비와 밀가루 글루텐을 증가시키는 역할을 한다.	

4. 스펀지케이크의 기본 배합은 어떻게 되는가?

스펀지케이크의 기본 배합은 달걀, 설탕, 박력분 3가지로 같은 양이 기본이다.

1) 스펀지케이크의 재료의 역할은 어떻게 되는가?

스펀지케이크의 달걀은 거품을 형성하여 부드럽게 하며, 설탕은 거품을 안정시키고 색깔을 내며, 박력분은 골격을 형성하며, 유지는 풍미를 부여하며, 바닐라는 달걀의 비린 맛을 중화시키며, 물, 우유는 반죽의 되기와 수분함량을 조절한다.

순서	재료명	스펀지케이크의 재료의 역할	확인
1	달걀	달걀은 거품을 형성하여 스펀지케이크 반죽의 부풀음과 부드러움을 만드는 역할을 한다.	
2	설탕	설탕은 제품에 단맛을 부여, 기포의 안정, 촉촉함, 전분 노화 방지, 제품의 색깔을 내게 한다.	
3	박력분	박력분은 제품의 골격을 형성하며 영양(탄수화물)을 제공한다.	
4	유지(버터)	유지(버터)는 제품에 풍미 부여하며 스펀지케이크의 기공을 조밀하게 한다.	
5	바닐라 향	바닐라 향은 달걀의 비린 맛을 없애고 온화한 맛을 낸다.	
6	우유(물)	우유(물)는 수분함량을 조절하며 불의 통함을 좋게 하며, 제품을 부드럽게 한다.	

5. 스펀지케이크의 제법은 무엇이 있는가?

스펀지케이크의 제법은 공립법, 별립법, 1단계법, 시퐁법, 머랭법 등 5가지가 있다.

순서	스펀지의 제법	스펀지케이크를 만드는 순서	확인
1	공립법	공립법은 볼에 달걀 전란과 설탕을 넣고 중탕(43℃)하여 거품 올려 박력분과 유지를 섞어 만드는 방법으로 비중은 0.55 정도이다.	
2	별립법	별립법은 달걀을 흰자와 노른자로 분리하여 각각 거품 올려 합치고 박력분과 유지(버터)를 섞는 방법으로 비중은 0.55 정도이다.	
3	1단계법	1단계법은 달걀, 설탕, 박력분 등 한꺼번에 넣고 유화제를 첨가(2%)하여 거품을 올려 만드는 제법으로 작업이 간단하다.	
4	시퐁법	시퐁법은 흰자로 머랭을 만들어 부피를 증가시키고 베이킹파우더를 섞어서 폭신폭신한 촉감을 살리기 위한 제법이며 시퐁케이크를 만든다.	
5	머랭법	머랭법은 흰자를 거품 올려 박력분, 아몬드 분말을 섞어 만드는 제법으로 마카롱, 다크와즈 등을 만들며 비중은 0.45 정도이다.	

1) 스펀지케이크의 공립법은 어떻게 되는가?

스펀지케이크의 공립법은 달걀 전란에 설탕(물엿), 소금을 혼합하여 43℃까지 중탕을 하여 거품 올리는 법으로 작업공정은 별립법보다 간단하나 부피는 작다.

(1) 스펀지케이크의 공립법의 장점과 단점은 어떻게 되는가?

스펀지케이크의 공립법의 장점은 작업공정이 간단하며 촉촉한 제품이 만들어지며, 단점은 거품 형성이 적어 부피가 작은 딱딱한 스펀지케이크 제품이 만들어진다.

순서	스펀지케이크의 제법	스펀지케이크를 만드는 순서	확인 (○, ×)
1	공립법 장점	공립법의 장점은 별립법과 비교하여 작업공정이 간단하다.	
		달걀을 설탕과 중탕하여 거품 올리므로 재료의 친화성이 좋으며, 설탕의 보수성이 발휘되어 촉촉함이 좋은 스펀지케이크가 된다.	
2	공립법 단점	공립법의 단점은 거품을 올린 기포가 너무 굵어 기포력이 떨어지며, 반죽을 짜서 굽는 스펀지 제품에는 적합하지 않으며 딱딱하다.	

(2) 스펀지케이크의 반죽 공립법 배합표(100%, 75%, 50% 스펀지케이크)

순서	재료	배합 비율(%)			배합량(g)			확인
		100%	75%	50%	100%	75%	50%	(O, ×)
1	달걀	100	100	100	200	200	200	
2	설탕	100	75	50	200	150	100	
3	박력분	100	75	50	200	150	100	
4	바닐라 향	0.5	0.5	0.5	1	1	1	
5	버터	10	10	10	20	20	20	
6	물(우유)	5	5	5	10	10	10	
합계	-	315.5%	265.5%	215.5%	631g	531g	431g	

(3) 스펀지케이크의 공립법을 만드는 순서는 어떻게 되는가?

스펀지케이크 공립법을 만드는 순서는 재료계량, 거품 올리기, 중탕하기, 박력분 섞기, 버터 섞기, 팬닝, 굽기, 냉각의 순서이다.

순서	제조과정	스펀지케이크의 공립법을 만드는 순서	확인
1	재료계량	재료계량은 전자저울을 사용하여 각각의 재료를 정확히 계량하여 진열한다.	
2	거품 올리기	거품 올리기는 달걀과 설탕을 함께 중탕(43℃)하여 거품기(믹서)를 사용하여 거품 올리는 작업을 한다.	
3	중탕하기	중탕하기는 반죽 온도를 40~43℃까지 가열 중탕하여 실온(24℃)이 될 때까지 저어서(믹싱) 충분히 거품을 올린다.	
4	박력분 섞기	박력분 섞기는 박력분을 넣고 나무 주걱을 사용해 골고루 약 30회 정도로 저어 섞는다.	
5	버터 섞기	버터 섞기는 버터를 50~60℃로 녹여서 넣고 나무 주걱을 사용하여 골고루 30회 정도로 저어서 섞는다.	
6	팬닝 하기	팬닝 하기는 종이를 깐 틀에 적당한 양(70~80%)의 반죽을 부어 팬닝을 한다.	
7	굽기 온도	굽기는 오븐 온도 180℃(170℃) 오븐에 넣어 25~30분간 굽는다.	
8	굽기 시간	굽기 시간은 25~30분 정도로 굽는다.	

2) 스펀지케이크의 별립법은 어떻게 되는가?

스펀지케이크의 별립법은 달걀을 흰자와 노른자로 나누어 각각 거품 올린 뒤 박력분과 유지(버터)를 섞어 합쳐 반죽을 만드는 제법이다.

(1) 스펀지케이크의 별립법의 장점과 단점은 어떻게 되는가?

스펀지케이크의 별립법의 장점은 거품 올림이 많고 부피가 크며 기공이 조밀하다. 단점은 제조공정이 복잡하여 노동력, 제조 기구, 시간이 많이 필요하다.

순서	스펀지케이크의 제법	스펀지케이크의 만드는 법	확인
1	별립법 장점	별립법의 장점은 스펀지케이크의 제품의 부피가 공립법 보다 크고 부드럽고, 제품의 기포가 안정되고 팽창력이 좋다.	
2	별립법 단점	별립법의 단점은 스펀지케이크의 제조 시간이 오래 걸리며, 작업공정이 복잡하며 기계나 도구 사용이 많다.	

(2) 스펀지케이크의 별립법 만드는 순서는 어떻게 되는가?

스펀지케이크 별립법을 만드는 순서는 재료계량, 노른자 거품 올리기, 흰자 거품 올리기, 흰자+노른자 합치기, 박력분, 버터 섞기, 온도와 비중 측정, 팬닝, 굽기이다.

순서	제조과정	스펀지케이크의 별립법 만드는 순서	확인
1	재료계량	재료계량은 저울로 재료를 계량하여 달걀을 흰자와 노른자로 분리한다.	
2	노른자 거품 올리기	볼에 노른자를 분리하여 노른자에 설탕 전체 양의 2/3를 넣고 하얗게 될 때까지 저어서 거품을 올린다.	
3	흰자 거품 올리기	흰자 거품 올리기는 다른 볼에 흰자를 넣고 나머지 설탕 1/3을 3회 나누어 넣고 거품의 뿔이 생길 정도(80~90%)로 거품기(믹서)로 저어 거품을 올린다.	
4	흰자+노른자 합치기	거품 올린 노른자에 거품 올린 흰자 1/3 정도를 넣고 나무 주걱으로 섞은 다음 나머지 흰자의 전부를 넣고 섞는다.	
5	박력분 섞기	박력분을 넣고 나무 주걱으로 30회 정도 저어서 섞는다.	
6	우유, 버터, 바닐라 섞기	우유, 버터(60℃)는 중탕하여 넣고 바닐라 오일 등을 넣고 30회 정도 섞는다.	

7	온도 재기	온도 재기를 하여 반죽 온도를 22~24℃ 정도로 맞춘다.	
8	비중 재기	비중 재기를 하여 반죽 비중을 0.45~0.50 정도로 맞춘다.	
9	틀 준비	틀 준비는 팬에 종이 깔기, 기름칠, 버터 칠, 밀가루 칠, 물 칠을 하여 둔다.	
10	팬닝 하기	팬닝 하기는 팬의 50~60% 정도 채우며 원형 팬은 데커레이션 케이크, 평 철판은 롤케이크, 각종 과자류를 만든다.	
		팬에 부어 넣은 후에 즉시 구워야 거품이 꺼지지 않고 부풀음이 좋은 제품이 된다.	
11	굽기 온도	굽기 온도는 170~180℃에서 구워낸다.	
		반죽량이 많거나 틀이 높으면 180~190℃, 얇은 스펀지케이크는 200~220℃로 짧게 굽는다.	
12	굽기 시간	굽기 시간은 25~30분 정도로 굽는다.	
13	굽기 후 관리	굽기 후 관리는 제품의 수축 방지책으로 오븐에서 꺼내 바로 두드려서 쇼크를 준 다음 틀에서 바로 꺼내서 식혀준다.	

3) 1단계법(올인법)은 어떻게 되는가?

1단계법은 모든 재료와 유화제(2%), 기포제를 한꺼번에 넣고 믹싱하여 반죽을 만드는 방법이다.

(1) 1단계법의 장점, 단점은 어떻게 되는가?

1단계법의 장점은 제조공정이 간단하고 제품의 실패율이 낮다. 단점은 유화제, 기포제를 사용한다.

순서	1단계법	1단계법의 장점과 단점	확인
1	1단계법 장점	1단계법의 장점은 제조공정이 간단하고 제품의 실패율이 낮다.	
2	1단계법 단점	1단계법의 단점은 유화제, 기포제를 2~3% 정도 사용한다.	

(2) 1단계법의 배합표

순서	재료	배합 비율(%)	배합량(g)	확인
1	달걀	100	200	
2	설탕	100	200	
3	박력분	100	200	
4	바닐라 향	0.5	1	
5	물	5	10	
6	유화제	3	6	
합계	-	308.5%	617g	

(3) 1단계법을 만드는 순서는 어떻게 되는가?

1단계법을 만드는 순서는 재료계량, 거품 올리기, 버터 섞기, 팬닝 하기, 굽기이다.

순서	제조과정	1단계법을 만드는 순서	확인
1	재료계량	재료계량은 볼에 달걀과 설탕, 밀가루, 소금, 물, 유화제 2~3%를 넣고 섞는다.	
2	거품 올리기	거품 올리기는 달걀 등의 재료를 함께 넣고 거품 올리는 작업을 한다.	
3	버터 섞기	버터 섞기는 녹인 버터를 55℃까지 가열하여 넣고 잘 섞는다.	
4	팬닝 하기	팬닝 하기는 반죽을 틀에 70% 정도 부어 넣는다.	
5	굽기 온도	굽기 온도는 180℃에서 굽는다.	
6	굽기 시간	굽는 시간은 25~30분 정도이다.	
7	굽기 확인	굽기 확인은 표면을 가볍게 눌러, 손으로 누른 부분이 원위치로 돌아오면 잘 구워진 것이고 손자국이 남아 있으면 덜 구워진 것이다.	

6. 스펀지케이크의 제법상의 요점은 어떻게 되는가?

스펀지케이크는 제법상 요점은 혼합순서와 반죽 온도가 중요하다.

1) 스펀지케이크의 혼합순서와 반죽 온도는 어떻게 되는가?

스펀지케이크의 혼합순서는 달걀, 설탕, 박력분, 녹인 버터의 순서이며, 반죽 온도는 23~24℃로, 공립법은 달걀+설탕을 43℃로 가열하여 거품을 올리고, 별립법은 달걀 온도 24℃ 정도에서 거품을 올리고 버터는 55℃로 녹여 혼합한다.

순서	제조과정	스펀지케이크의 혼합순서와 반죽의 온도	확인
1	혼합의 순서	혼합의 순서는 박력분은 원칙적으로 박력분, 코코아 파우더, 베이킹파우더, 베이킹소다, 아몬드분말(넛류) 탈지분유, 바닐라 향 등을 가루유와 함께 체질하여 넣는다.	
		볼에 노른자는 부드럽게 해두어 그것을 남은 노른자, 설탕과 함께 저어서 하얗게 거품을 올린다.	
		녹인 유지(버터 50~60℃)는 박력분을 넣은 직후에 녹여서 넣어 나무주걱으로 30회 정도 잘 저어 혼합한다.	
		유지는 달걀의 기포를 파괴하므로 유지를 혼입한 후 될 수 있는 한 반죽을 많이 섞지 않도록 한다.	
		박력분은 글루텐이 나오지 않도록 마지막에 넣으며, 반죽에 골고루 섞으며 30회 이상 많이 젓지 않는다.	
		달걀의 배합량이 적은 스펀지케이크는 물이나 우유가 들어가는 때도 있으며, 이것은 수분을 추가해 반죽을 가볍게 만들기 위하여 공립법은 달걀, 별립법은 노른자에 각각 섞는다.	
2	반죽 온도	반죽 온도는 공립법은 달걀을 거품 올릴 때 열은 43℃로 가열하는 법이지만 이것은 노른자에 들어 있는 지방분이 나쁘게 되어있는 달걀의 기포성을 개선하기 위한 처리이며 반죽 온도는 22~25℃이다.	
		거품 올리는 작업을 마친 시점에서 반죽 온도는 실온에 따르지만 보통 25℃ 전후가 된다.	
		별립법은 달걀에 열을 가열하지 않으므로 거품의 기공이 조밀하게 만들기 위해 흰자를 차게 하여 반죽 온도는 23~24℃로 조금 낮다.	
		버터 온도는 55℃로 녹여서 넣는데 온도가 낮으면 반죽을 섞을 때 딱딱하게 되고 골고루 섞이지 않아 버터를 녹여 넣어야 한다.	

7. 스펀지케이크의 패닝 방법은 어떻게 되는가?

스펀지케이크의 패닝 방법은 원형, 사각틀, 시트상이 있으며 각각 방법이 달라진다.

1) 스펀지케이크의 팬닝 방법은 어떻게 되는가?

스펀지케이크의 팬닝 방법은 원형 틀, 평평한 사각 철판, 시트상으로 짜는 방법이 있다.

순서	제조과정	스펀지케이크의 팬닝 방법	확인
1	원형 틀	원형 틀에 부을 때, 시트에 부어 넣을 때는 천천히 조심스럽게 넣으며, 반죽은 스스로 퍼져 나가도록 카드로 펼치는 작업도 한다.	
		반죽을 짤 때는 더욱 주의가 필요하며 반죽이 좁은 짤 주머니를 통과할 때 거품이 파괴되기 쉽게 된다.	
		짤 주머니로 짜는 스펀지케이크 반죽은 별립법으로 흰자를 튼튼하게 거품을 올려 사용한다.	
		반죽을 짤 때는 짤 주머니에 반죽을 소량씩 여러 번 나누어 넣고 짜는 것이 좋은 제품을 얻을 수 있다.	
		틀에 넣고 굽는 경우 틀의 밑에 종이를 깔고 반죽을 부어 넣는 법과 틀에 버터를 칠하고 밀가루를 굽는 법이 있다.	
2	평평한 사각 철판	평평한 사각 철판에 넣어 시트 상태로 구울 때는 오븐에 넣기 직전에 표면에 분무기로 물을 뿌려두면 표면이 빨리 건조해 껍질이 두껍게 되는 것을 방지한다.	
3	시트상으로 짠다	시트상으로 짜서 굽는 스펀지케이크는 비스큐이 반죽처럼 굽기 전에 표면에 슈가파우더를 뿌려 굽기도 한다.	

8. 스펀지케이크의 굽기는 어떻게 하는가?

스펀지케이크의 굽기는 틀에 부어 굽기, 평평한 철판에 부어 시트상 굽기, 짤 주머니를 사용하여 여러 가지 형태로 짜서 굽기가 있다.

각각의 방법에 따라 오븐의 온도, 굽는 시간, 윗불과 아랫불의 온도조절이 다르다.

1) 스펀지케이크의 굽기 방법은 어떻게 되는가?

스펀지케이크의 굽기 방법은 굽기 시간, 굽기 온도, 온도조절, 시트 두께, 얇은 반죽, 두꺼운 반죽에 따라 달라진다.

순서	제조과정	스펀지케이크의 굽기 방법	확인
1	굽기 시간	굽기 시간은 반죽이 두꺼운 것일수록 낮은 온도에서 오랜 시간을 굽는 것이 원칙이다.	
2	굽기 온도	굽기 온도는 틀에 넣고 굽는 스펀지는 온도 170~180℃로 윗불을 조금 강하게 오븐에 넣고 반죽이 부풀고 구운 색이 나올 정도에서 윗불을 낮추어 굽는다.	
3	온도조절	온도 조절은 윗불을 높게 하며 처음부터 밑불은 강하게 구우면 중앙이 너무 부풀게 되고 경우에 따라 윗면이 갈라질 수 있다.	
4	시트 두께	시트 두께에 따라 두껍게 굽거나 얇게 굽는가에 따라 온도가 다르다.	
5	얇은 반죽 굽기 온도	얇은 반죽을 굽는 경우는 180~200℃ 오븐 온도로 굽는다. 얇은 반죽은 높은 온도에서 단시간 굽기를 하며 낮은 온도에서 시간을 오래 구우면 건조해져서 바삭거리는 스펀지케이크가 되기 때문이다.	
6	짜는 반죽 굽기 온도	짜는 반죽 굽기 온도는 200~220℃ 오븐에서 윗불을 강하게 굽는다.	
7	스펀지케이크의 보관	스펀지케이크의 보관은 구워진 스펀지케이크를 종이가 붙은 채로 나무상자에 넣고 뚜껑은 덮어 1일 정도 놓아두면 수증기를 흡수하여 촉촉하게 된다.	

9. 스펀지케이크의 응용은 무엇이 있는가?

스펀지케이크의 응용범위는 틀에 굽기, 시트상 굽기, 짜서 굽기가 있다.

순서	굽기의 응용	스펀지케이크의 굽기의 응용 제품	확인
1	틀에 굽는 제품	틀에 굽는 제품은 데커레이션 케이크 받침, 타르트류가 있다.	
2	시트상 굽는 제품	시트상 굽는 제품은 상자 케이크, 롤케이크가 있다.	
3	짜서 굽는 제품	짜서 굽는 제품은 쿠키, 비스퀴 아 라 퀴이에르, 핑거 비스킷, 샤를로트의 케이크가 있다.	

제2절 롤케이크(Roll Cake)는 어떻게 되는가?

1. 롤케이크의 정의는 어떻게 되는가?

롤케이크는 스펀지케이크에 크림이나 잼류를 칠해 둥근 봉 상태로 말은 케이크이다.

1) 롤케이크의 정의와 종류는 어떻게 되는가?

롤케이크는 스펀지케이크 계통의 반죽을 구워 크림, 잼류를 칠해 둥근 봉 상태로 말은 케이크이다. 롤케이크의 종류는 젤리 롤케이크, 생크림 롤케이크, 초콜릿 롤케이크, 녹차 롤케이크, 과일 롤케이크, 밤 롤케이크 등이 있다.

순서	롤케이크	롤케이크의 정의, 종류	확인
1	롤케이크의 정의	롤케이크의 정의는 스펀지 계통의 반죽을 구워 크림이나 잼류를 칠해 둥근 봉 상태로 말은 케이크이다.	
2	롤케이크의 종류	롤케이크의 종류는 젤리롤케이크, 생크림 케이크, 초콜릿 롤케이크, 건포도 롤케이크, 녹차 롤케이크, 과일 롤케이크가 있다.	
		초콜릿, 홍차, 녹차 롤케이크는 코코아파우더, 초콜릿, 홍차, 녹차 분말을 각각 10~20%까지를 첨가하여 만든다.	

2) 롤케이크의 배합표

순서	재료	배합 비율(%)	배합량(g)	확인
1	달걀	100	100	
2	설탕	100	100	
3	박력분	60	60	
4	바닐라 향	0.5	2.5	
5	물(우유)	5	25	
6	버터(55℃)	10	50	
합계	-	275.5%	275.5g	

2. 롤케이크를 만드는 순서는 어떻게 되는가?

롤케이크의 만들기 순서는 재료계량, 거품 올리기, 박력분, 버터 섞기, 팬닝, 굽기, 말기, 냉각이다.

순서	제조과정	롤케이크의 만드는 순서	확인
1	거품 올리기	거품 올리기는 볼에 달걀과 설탕을 깨서 거품기로 가볍게 저어 중탕하면서 거품 올리는 작업을 한다.	
		달걀 반죽이 43℃까지 가열되면 중탕에서 내려 열이 빠질 때까지 거품기로 300회 정도(손작업) 젓거나 믹서기(10분 정도)로 거품을 올린다.	
2	박력분 섞기	박력분 섞기는 체질한 박력분(가루류)을 달걀 반죽에 한꺼번에 넣고 나무 주걱을 사용해 30회 정도 골고루 섞는다.	
3	버터 섞기	버터 섞기는 버터(물, 우유)를 50~60℃까지 녹여 부어 넣고 나무 주걱으로 30회 정도를 섞는다.	
4	팬닝 하기	팬닝 하기는 평 철판에 종이를 깔고 반죽 전체를 부어 넣는다.	
		반죽 두께가 평균적으로 동일하도록 일정하게 카드로 펴준다.	
5	굽기 온도	굽기 온도는 밑 철판을 깔고 180~200℃로 맞추어 굽는다.	
6	굽기 시간	굽기 시간은 25~30분간 정도로 반죽 두께에 따라 굽는 시간을 조절한다.	
7	말기	말기는 롤케이크에 잼, 크림, 가나슈, 과일류, 기타 충전물을 넣어 말아준다.	
8	마무리하기	마무리하기는 슈가파우더, 설탕, 코코아, 초콜릿을 뿌려 장식한다.	

3. 롤케이크의 제조 시 주의점은 어떻게 되는가?

롤케이크의 제조 시 주의점은 굽기, 냉각, 말기가 있다.

순서	제조과정	롤케이크의 제조 시 주의점	확인
1	굽기	굽기는 오버 베이킹, 언더 베이킹에 주의하여 굽는다.	
2	보관	보관은 수분 손실 및 수축방지를 위해 구워낸 후 물에 적신 수건을 덮어준다.	
3	말기방법	말기 방법은 잼, 젤리 사용 시 뜨거울 때, 냉각 후 2가지 방법으로 말아준다.	
4	필링물	필링물인 생크림, 버터크림 사용은 냉각 후 사용(크림이 녹지 않도록 하기 위함)한다.	
5	말기의 주의점	말기의 주의점은 롤케이크이 갈라지거나 터지지 않도록 하며 말기한 이음새 부분이 반드시 밑바닥에 가도록 잘 말아준다.	

4. 롤케이크의 결점 및 방지 방법은 무엇이 있는가?

롤케이크의 결점은 터짐, 축축함으로, 방지법은 물엿 첨가, 노른자 감소가 있다.

순서	제조 사항	롤케이크의 결점 방지	확인
1	롤케이크의 터짐 방지	롤케이크의 터짐 방지는 설탕 일부를 물엿으로 바꾸어 사용하며, 달걀 증가, 노른자를 감소시켜 터짐을 방지한다.	
		롤케이크의 터짐 방지는 물엿, 덱스트린의 점착성을 이용하여 터짐을 방지하거나 팽창을 감소를 위해 거품 줄여 터짐을 방지한다.	
2	롤케이크의 축축함 방지	롤케이크의 축축함은 수분 과다가 원인이므로, 이를 방지하기 위해 언더 베이킹(고온으로 단시간에 굽기)으로 적절한 굽기를 한다.	
		롤케이크의 축축함 방지를 위해 물(수분)의 사용량을 줄여(수분 감소)하여 조직이 치밀하고 습기가 많아 축축한 것을 방지하며, 팽창 부족할 때는 적절한 굽기를 하여 팽창 부족과 축축함을 줄인다.	

5. 롤케이크의 굽기 공정의 주의점은 어떻게 되는가?

롤케이크의 굽기 공정의 주의점은 오븐 온도와 굽는 시간, 말기에 주의한다.

순서	제조과정	롤케이크의 굽기 공정의 주의점	확인
1	오븐 온도	오븐 온도는 두꺼운 반죽은 170~180℃로 길게 굽고, 얇은 반죽은 200℃의 온도로 짧은 시간에 굽는다.	
2	굽기 색깔	굽기 색깔은 윗볼로 먼저 표면에 구운 색을 내어 수분의 증발을 억제한다.	
3	밑불 주의	밑불이 강하면 밑면에서 구운 색이 나와서 말아줄 때 갈라지기 쉽다.	
4	구운 후	구운 후 철판으로부터 즉시 나무 위로 옮겨놓는다.	
5	상자 보관	보관은 열이 빠진 것은 상자에 넣고 덮든지 하여 축축해지길 기다린다.	
6	말기 주의	말기 주의는 반죽을 평평하게 펴지 않으면 말기 할 때 롤케이크의 좌우 두께가 다르게 된다.	

6. 초콜릿 롤케이크는 어떻게 되는가?

초콜릿 롤케이크는 반죽에 초콜릿을 녹여 넣거나 코코아파우더를 넣어 만든 롤케이크이다.

1) 초콜릿 롤케이크 반죽의 배합표

순서	재료	배합 비율(%)	배합량(g)	확인
1	달걀	100	100	
2	설탕	50	50	
3	박력분	35	35	
4	코코아파우더(초콜릿)	5	5	
5	우유	7	7	
6	버터(55℃)	10	10	
7	바닐라 향	0.05	0.05	
합계	-	207.05%	207.05g	

2) 초콜릿 롤케이크를 만드는 순서는 어떻게 되는가?

초콜릿 롤케이크 만들기는 달걀 거품 올리기, 중탕하기, 거품 올리기, 박력분 섞기, 버터 섞기, 팬닝 하기, 굽기, 말기, 초콜릿 코팅하기, 제품 자르기, 마무리하기가 있다.

순서	제조과정	초콜릿 롤케이크를 만드는 순서	확인
1	달걀 거품 올리기	달걀 거품 올리기는 볼에 달걀과 설탕을 깨서 가볍게 저어 올린다.	
2	중탕하기	중탕하기는 반죽을 43℃까지 데워가면서 거품 올리는 작업을 한다.	
3	거품 올리기	거품 올리기는 달걀 반죽이 43℃까지 가열되면 중탕에서 내려 열이 빠질 때까지 거품(믹싱)을 올린다.	
4	가루 섞기	가루 섞기는 박력분과 코코아파우더를 넣고 나무 주걱을 사용하여 30회 정도 저어 골고루 섞는다.	
5	버터 섞기	버터 섞기는 버터와 우유를 50~60℃ 정도로 데워서 부어준다.	
6	팬닝 하기	팬닝 하기는 평 철판에 종이를 깔고 반죽을 모두 부어 넣는다.	
7	밀어 펴기	밀어 펴기는 반죽 두께가 평균적으로 일정하게 카드로 밀어 펴준다.	
8	굽기	굽기는 밑 철판을 깔고 180~200℃ 오븐에서 25~30분간 구우며 반죽 두께에 따라 굽는 시간을 조절한다.	
9	롤케이크 말기	롤케이크 말기는 스펀지케이크에 가나슈크림(생크림, 버터, 잼)을 발라서 말아준다.	
10	초콜릿 코팅하기	초콜릿 코팅하기는 스펀지케이크를 냉각시킨 후 표면에 엷게 버터크림을 칠한 뒤 초콜릿을 코팅한다.	
11	제품 자르기	제품 자르기는 롤케이크를 3cm 폭으로 잘라서 포장 판매한다.	
12	마무리하기	마무리하기는 잼, 젤리, 과일류, 기타 충전물 이용, 슈가파우더, 설탕, 코코아파우더, 초콜릿을 뿌려 장식한다.	

제3절 시퐁케이크(Chiffon Cake)는 어떻게 되는가?

1. 시퐁케이크는 어떻게 되는가?

시퐁케이크는 "비단" 케이크란 뜻으로 달걀흰자를 단단하게 거품을 올린 반죽에 베이킹파우더를 넣어 잘 부풀게 하여 부드럽게 구워낸 케이크이다.

1) 시퐁케이크 반죽의 배합표

순서	재료	배합 비율(%)	배합량(g)	확인
1	달걀흰자	100	100	
2	설탕	30 ~ 42	30 ~ 42	
3	소금	0.5	0.5	
4	주석산	0.5	0.5	
5	박력분	15 ~ 18	15 ~ 18	
6	버터(50~60℃)	33	33	
합계	-	179 ~ 194%	179 ~ 194g	

2) 시퐁케이크의 재료의 역할은 어떻게 되는가?

시퐁케이크의 재료는 흰자, 설탕, 주석산, 박력분, 전분, 베이킹파우더, 소금, 오렌지필, 레몬즙, 견과류, 향료가 있다. 흰자는 거품 형성과 수분 부여, 설탕은 단맛과 기포의 형성, 주석산과 소금은 기포 안정, 박력분은 골격형성, 전분은 부드러움, 베이킹파우더는 팽창, 오렌지 필, 레몬즙, 견과류와 향료는 맛을 향상시키는 역할을 한다.

순서	재료명	시퐁케이크의 재료 역할	확인
1	박력분	박력분은 골격을 형성하며 특급 박력분(회분 함량 0.3% 이하)을 사용하여 가볍고 부드러운 식감을 얻을 수 있으며 전분을 30%까지 대체할 수 있다.	
2	전분	전분은 박력분의 10~30%까지 대체할 수 있으며 부드러움을 준다.	
3	달걀흰자	달걀흰자는 기포를 형성하여 제품에 팽창과 부드러움을 주므로 기름기, 노른자가 섞이지 않는 신선하며 고형질 함량이 높은 것을 사용한다.	

4	설탕	설탕은 단맛을 주며 기포 안정, 촉촉함, 전분 노화 방지, 제품의 색깔을 낸다.	
5	주석산	주석산은 흰자를 강하게 하며 머랭을 튼튼하게 한다.	
6	소금	소금은 짠맛과 향, 흰자를 강하게 하여 기포를 튼튼하게 한다.	
7	베이킹파우더	베이킹파우더는 반죽을 팽창시킨다.	
8	오렌지(레몬)필	오렌지(레몬) 필은 10% 정도를 사용하여 맛을 낸다.	
9	레몬즙	레몬즙은 신맛과 흰자를 강하게 하며 거품을 튼튼하게 한다.	
10	견과류(아몬드 분말)	견과류(아몬드 분말)는 반죽의 10%를 첨가하여 사용한다.	
11	향료(바닐라)	바닐라는 비린 맛을 없애고 온화한 맛을 낸다.	

3) 시퐁케이크를 만드는 법은 어떻게 되는가?

시퐁케이크를 만드는 법은 믹싱 방법에 따라 주석산을 먼저 넣고 믹싱하는 산 사전처리법, 나중에 넣는 산 사후처리법이 있다.

4) 시퐁케이크를 만드는 산 사전처리법, 산 사후처리법은 어떻게 되는가?

산 사전처리법은 주석산 크림을 흰자에 먼저 넣어 제품이 탄력있고 튼튼하고 만들며, 산 사후처리법은 제품이 유연하고 부드러운 기공과 조직을 만든다.

1. 산 사전처리법	2. 산 사후처리법
산 사전 처리법은 제품이 탄력 있고, 튼튼하게 만들어진다.	산 사후 처리법은 제품이 유연하며, 부드러운 기공과 조직이 있게 만들어진다.
흰자 + 주석산 크림 + 소금을 넣고 중속으로 믹싱 거품(젖은 상태)을 올린다.	흰자를 믹싱하여 30% 정도 거품(젖은 상태) 올린 머랭을 만든다.
설탕 2/3를 넣고 거품을 70%(중간 단계)로 올린다.	설탕 2/3를 투입하면서 70% 정도 거품을 올린다 (중간 피크 상태).
1/3 설탕을 넣고 믹싱 후 체로 친 박력분, 베이킹파우더를 넣고 혼합한다.	박력분 + 슈가파우더 + 주석산크림 + 소금을 넣고 골고루 혼합한다.

5) 시퐁케이크를 만드는 순서는 어떻게 되는가?

시퐁케이크를 만드는 순서는 흰자의 거품 올리기, 박력분 섞기, 버터 녹여 섞기, 팬닝, 굽기이다.

순서	제조과정	시퐁케이크를 만드는 순서	확인
1	흰자의 거품 올리기	흰자의 거품 올리기는 볼에 흰자를 넣고 거품을 올리고 설탕, 주석산, 소금을 넣고 중속으로 거품을 올린다.	
		믹싱 방법은 주석산을 먼저 넣고 믹싱하는 산 사전처리법, 나중에 넣는 산 사후처리법이 있다.	
		달걀흰자의 최적 온도는 24℃(22~26℃)로 반죽의 낮은 온도 (18℃ 이하)는 부피가 작으며 기공과 조직이 조밀하다.	
		반죽의 높은 온도(27℃ 이상)는 제품이 거칠며 기공이 열리고 커다란 기포가 형성된다.	
2	박력분 섞기	박력분 섞기는 박력분, 베이킹파우더를 함께 체로 쳐서 흰자에 넣고 섞는다.	
3	버터 섞기	버터 섞기는 버터를 50~60℃ 녹여 넣고 나무 주걱으로 30회 정도 저어 섞는다.	
4	팬닝 하기	팬닝 하기는 팬 내부에 물칠, 버터 칠을 한 후 짤 주머니를 이용하여 팬의 60~70%를 넣는다(기름을 칠하면 껍질 색이 난다).	
5	굽기	굽기는 제품 크기, 분할 중량에 따라 온도 160~180℃가 기준이다.	
		굽는 시간은 40~45분(30~45분) 정도이다.	
6	굽기의 주의사항	굽기의 주의사항은 오븐에서 꺼내면 바로 틀을 뒤집어 놓은 상태로 식힌다.	
		굽기 주의사항은 굽기 중에 언더 베이킹, 오버 베이킹에 주의한다.	
		시퐁케이크를 틀에서 빼낼 때 겉껍질은 팬에 붙고 속만 빠지며, 시퐁케이크 틀은 바로 물에 담가 씻는다.	

제4절 카스테라(Castela)는 어떻게 되는가?

1. 카스테라는 어떻게 되는가?

카스테라는 네덜란드에서 전래된 스펀지케이크가 일본에서 스펀지케이크의 제조를 변형하여 부드럽게 만든 케이크의 일종이다.

2. 카스테라의 역사와 특징은 어떻게 되는가?

카스테라의 역사는 스페인 지방에서 처음 만들어졌으며, 일본에서도 개발에 성공하였다. 특징은 부드럽고 영양가 높은 케이크이다.

순서	카스테라	카스테라의 역사와 특징	확인
1	카스테라의 역사	카스테라 역사는 스페인 지방의 옛 이름인 카스티야(Castilla) 지방의 과자인 비스코쵸(Bizcocho)를 가리켜 포르투갈에서 가토 드 카스티유(가스티야 지방의 과자)라고 불렀는데 카스테라로 정착되었다.	
2	카스테라의 특징	카스테라의 특징은 제품 내상의 결이 곱고 식감이 부드럽고 영양가가 높으며 촉촉한 것이다.	
		카스테라는 제조공정이 오래 걸리고 만드는 과정이 복잡하다.	

1) 카스테라 반죽의 배합표

순서	재료	배합 비율(%)	배합량(g)	확인
1	달걀	100	500	
2	설탕	50	250	
3	꿀(물엿)	33	155	
4	물	9	45	
5	미림	9	45	
6	박력분	50	250	
7	바닐라 향	0.5	1.5	
합계	-	251.5%	1,246.5g	

2) 카스테라를 만드는 순서는 어떻게 되는가?

카스테라를 만드는 순서는 달걀 거품 올리기, 물과 박력분 섞기, 팬닝, 굽기, 3차례 거품 제거하기, 칼집 내기, 틀 제거하기, 냉각이 있다.

순서	제조과정	카스테라를 만드는 순서	확인
1	거품 올리기	거품 올리기는 볼에 달걀과 설탕을 깨서 가볍게 저어 올리고, 어느 정도 거품이 오르면 설탕, 꿀을 넣고 거품 올리는 작업을 한다.	
2	물 섞기	물 섞기는 물엿과 미링, 물을 함께 넣고 섞는다.	
3	박력분 섞기	박력분 섞기는 박력분을 넣고 나무 주걱을 사용해 골고루 섞는다.	
4	팬닝	팬닝은 나무틀에 종이를 깔고 반죽을 부어 넣는 다음 반죽 두께가 평균적으로 일정하게 펴준다.	
5	굽기	굽기는 밑 철판을 깔고 180~200℃ 오븐에서 10분간 굽기를 하며, 거품을 3번 제거한다.	
6	제1차 거품 제거하기	제1차 거품 제거하기는 굽기 10분 후 거품을 제거한다.	
7	제2차 거품 제거하기	제2차 거품 제거하기는 다시 오븐에 넣고 표면의 건조 상태를 보고 제2차 거품을 제거한다.	
8	제3차 거품 제거하기	제3차 거품 제거하기는 다시 오븐에 넣고 표면의 건조 상태를 보고 제3차 거품을 제거한다.	
9	칼집 내기	칼집 내기는 표면에 구운 색이 나오면 오븐에서 꺼내 반죽의 사이에 칼집을 넣는다.	
10	틀 올리기	틀 올리기는 나무상자를 한 개 더 올리고 그 위에 철판을 올린다.	
11	칼집 내기	칼집 내기는 다시 오븐에 넣고 약 40분 정도를 구운 후 철판을 벗기고 나무 틀에 칼집을 넣어준다.	
12	틀 제거	틀 제거는 나무틀을 뒤집어 꺼내고 측면의 종이를 떼어내고, 다시 뒤집어 색이 난 부분을 위로하여 카스테라를 칼로 자른다.	

3. 카스테라의 장점과 단점은 어떻게 되는가?

카스테라의 장점은 제품이 부드럽고 고급스러우며, 단점은 제조 시간과 공정이 길다.

순서	카스테라의 장 · 단점	카스테라 제품의 특징	확인
1	카스테라의 장점	카스테라의 장점은 제품이 부드럽고 맛이 고급적이다.	
2	카스테라의 단점	카스테라의 단점은 제조 시간이 길고, 노동력이 필요하다.	

4. 카스테라를 만드는 순서는 어떻게 되는가?

카스테라를 만드는 순서는 반죽 믹싱, 팬닝, 거품 제거하기, 굽기가 있다.

순서	제조과정	카스테라를 만드는 순서	확인
1	반죽 믹싱	반죽 믹싱은 볼에 달걀을 넣고 거품을 올리며, 달걀의 거품이 어느 정도 거품 오르면 설탕, 굵은 설탕과 꿀을 넣고 다시 거품 올린다.	
		꿀(물엿)과 미링, 물을 넣고 섞은 다음, 박력분을 넣고 가볍게 섞는다.	
2	팬닝 하기	팬닝 하기는 사전에 나무틀에 종이를 깔아 준비해 둔 다음 반죽을 전부 넣는다.	
3	굽기	굽기는 오븐 온도 190~200℃에 넣고 10분 굽고 150℃에서 70분 정도 굽는다 (총 80분).	
4	제1차 거품 제거하기	제1차 거품 제거하기는 굽기 10분 후 반죽 표면이 가볍게 건조되면 거품 제거를 한다.	
5	제2차 거품 제거하기	제2차 거품 제거하기는 다시 오븐에 넣고 표면의 건조 상태를 보고 거품 제거를 한다.	
6	제3차 거품 제거하기	제3차 거품 제거하기는 다시 오븐에 넣고 반죽 표면의 건조 상태를 보고 거품 제거를 한다. 이 거품 제거를 다시 한번(총 3회) 반복해서 한다.	
7	칼집 내기	칼집 내기는 반죽 표면에 구운 색이 나면 오븐에서 꺼내 나무상자와 반죽의 사이에 칼집을 넣는다.	
		나무상자를 하나 더 올리고 그 위에 철판으로 뚜껑을 덮어 다시 오븐에 넣는다.	
		칼집 내기는 약 40분 정도 되면 오븐에서 꺼내 위의 철판을 벗기고 나무틀에 다시 한번 칼집을 넣는다.	
8	종이 떼어내기	종이 떼어내기는 상하 반대로 하여 나무틀을 꺼내고 측면의 종이를 떼어낸다.	
9	틀에서 꺼내기	틀에서 꺼내기는 반죽의 익은 상태를 확인하고 제품을 틀에서 꺼낸다.	
10	제품 자르기	제품 자르기는 다시 뒤집어 구운 색이 난 부분을 위로하여 카스테라 칼로 자른다.	
11	거품을 제거 하는 이유	※ 거품의 제거 작업은 카스테라를 굽기하는 공정 중에서도 제일 중요하고 어려운 것이 거품의 제거이다.	
		거품을 제거하는 이유는 굽기 도중에 반죽을 오븐에서 꺼내 표면을 헤라나 주걱 등으로 저어 반죽 중의 기포를 세분화하는 것이다.	
		거품 제거 작업에 의해 카스테라의 독특한 작은 기공과 부드러움을 만들어 낸다.	
		거품 제거에는 보통 굽기 중에 세 번 하는데, 이 거품 제거를 하는 시간성과 거품 제거 방법을 습득하는 데에는 상당한 경험이 필요하다.	
		거품 제거에 사용하는 도구도 기술자에 따라 여러 가지가 있다.	

제5절 마카롱(Macaroon)은 어떻게 되는가?

1. 마카롱은 어떻게 되는가?

마카롱은 달걀흰자, 설탕, 아몬드 분말의 3가지로 만드는 과자이다.

순서	마카롱의 정의 종류, 재료	마카롱을 만드는 법	확인
1	마카롱의 정의	마카롱은 상당히 심플한 과자로 달걀흰자, 설탕, 아몬드로 만든다.	
		마카롱에서 흰자는 단백질의 응고시키는 결합제 역할을 하며, 슈가파우더와 아몬드 분말은 풍미를 낸다.	
2	마카롱의 종류	마카롱 종류는 먹었을 때 입안 촉감이 딱딱한 것, 부드러운 것의 2종류가 있다.	
3	마카롱의 재료	마카롱의 재료는 달걀흰자, 설탕, 아몬드 분말의 3가지이다.	

2. 마카롱의 기본 재료는 어떻게 되는가?

마카롱의 기본 재료는 달걀흰자, 설탕, 아몬드 분말이며, 박력분 대신 아몬드 분말이 들어가는 반죽은 가연성, 탄력성이 부족하여 철판 위에 짤 주머니로 짜서 반죽을 굽는다.

1) 마카롱의 재료와 역할은 어떻게 되는가?

마카롱의 재료는 달걀흰자는 거품을 내며, 설탕은 단맛과 흰자의 거품을 강하게 하며, 아몬드 분말은 골격을 형성과 맛을 낸다.

순서	재료	마카롱의 재료와 역할	확인
1	아몬드 분말	아몬드 분말은 신선한 것을 사용하는데, 분말 아몬드는 풍미가 변화하는 것이 빠르기 때문이다.	
		아몬드 분말은 통 아몬드를 잘 건조시켜 사용 직전에 갈아 분말화하여 사용하는 것이 좋다.	
2	설탕	설탕은 건조한 제품은 결정이 큰 설탕을, 고급 제품은 결정이 작은 슈가파우더를 사용하며 단맛을 주고 흰자의 거품을 튼튼하게 한다.	

3	흰자	달걀흰자는 신선한 것을 사용하며, 냉동 흰자나 건조 흰자의 사용은 풍미가 나쁘며 건조하기 쉽고 부서지는 제품이 되는 결점이 있다.	
		흰자의 기포성이 약한 경우는 주석산을 흰자의 0.2% 정도 넣으면 점도가 증가하여 작업하기 쉽게 된다.	
4	넛류	넛류는 아몬드, 헤즐넛, 호두, 피칸넛, 마카다미아넛, 잣, 코코넛, 캐슈넛 등 여러 가지 분말이 사용된다.	
		넛류는 분말 상태의 것을 사용하나, 잘게 자른 것, 얇게 슬라이스한 것이 많이 사용된다.	

3. 마카롱을 만드는 순서는 어떻게 되는가?

마카롱을 만드는 순서는 흰자의 거품 올리기, 반죽 섞기, 가열, 성형, 굽기이다.

순서	제조과정	마카롱을 만드는 순서	확인
1	흰자의 거품 올리기	흰자의 거품 올리기는 설탕과 흰자를 잘 혼합해두고 분말 아몬드를 넣어 부드러운 반죽을 만든다.	
		흰자에 설탕의 배합량이 많아 녹지 않을 때는 중탕하여 약한 불로 녹여도 좋다.	
		슈가파우더와 같은 정도의 결정도라면 녹지 않을 때는 중탕하여 약한 불로 녹여도 좋고 녹지 않았어도 굽기 중에 녹아버리므로 걱정할 필요는 없다.	
2	반죽의 가열과 수분 증발	반죽이 너무 딱딱했을 경우는 흰자를 보충하여 부드럽게 한다.	
		반죽이 너무 부드러우면 중탕에 올려 열을 가열하여 수분을 증발시킨다.	
		마카롱 반죽의 수분 증발은 실온에서 1시간 정도 건조시켜 받침(피에)을 만드는 것이다.	
3	마카롱의 성형	마카롱의 성형은 굽기 전 짤 주머니를 사용해도 좋고 손으로 둥글게 하여도 좋다.	
		마카롱의 굽기 전의 성형은 밀대로 눌러 틀에 찍어내는 것도 좋다.	
		마카롱 성형에 반죽은 딱딱하므로 보통은 손으로 둥글려 만들지만, 짤 경우는 별 모양 또는 둥근 모양의 깍지를 사용하는 것이 좋다.	
4	마카롱의 굽기	마카롱의 굽기는 용도에 따라 오븐 온도 120~160℃에서 장시간 중심부까지 잘 굽는다.	
		마카롱의 굽기는 반죽이 충분히 부풀어지면 뚜껑을 열고 건조 굽기를 한다.	
		마카롱의 굽기는 표면에 얇은 막이 생길 정도로 건조 시켜두어 받침(피에)을 예쁘게 만든다.	

4. 마카롱의 종류는 무엇이 있는가?

마카롱의 종류는 딱딱한 마카롱, 부드러운 마카롱 2가지 종류가 있다.

1) 딱딱한 마카롱은 어떻게 되는가?

딱딱한 마카롱은 설탕이 많고 부드러운 마카롱은 수분은 흰자만 사용하여 만든다.

(1) 딱딱한 마카롱 반죽의 배합표

순서	재료	배합 비율(%)	배합량(g)	확인
1	아몬드 분말	100	100	
2	설탕(슈가파우더)	150 ~ 300	150 ~ 300	
3	달걀흰자	60 ~ 100	60 ~ 100	
합계	-	310~500%	310~500g	

2) 부드러운 마카롱은 어떻게 되는가?

부드러운 마카롱은 흰자, 달걀, 노른자량이 많고 버터, 생크림, 꿀 등 재료를 넣은 고급의 마카롱이다.

(1) 부드러운 마카롱 반죽의 배합표

순서	재료	배합 비율(%)	배합량(g)	확인
1	아몬드 분말	100	100	
2	설탕(슈가파우더)	100 ~ 200	100 ~ 200	
3	달걀흰자	80 ~ 100	80 ~ 100	
4	꿀	10 ~ 20	10 ~ 20	
5	버터(생크림)	10 ~ 20	10 ~ 20	
합계	-	270~440%	270~440g	

5. 마카롱의 배합, 제법, 조화, 광택은 어떻게 되는가?

마카롱의 배합, 제법, 조화, 광택에 따라 제조과정과 입안의 식감이 달라진다.

공정　　　　종류	딱딱한 마카롱	부드러운 마카롱
1. 마카롱의 배합	딱딱한 마카롱은 설탕이 많고, 흰자가 사용된다.	부드러운 마카롱은 설탕이 적고, 노른자, 달걀도 사용된다.
2. 마카롱의 제법	마카롱의 굽기는 오븐 온도 120~160℃에서 시간을 걸려 굽는다.	마카롱의 굽기는 오븐 온도 160~230℃의 높은 온도에서 구워낸다.
	마카롱의 제법은 설탕과 흰자로 머랭을 만들고 넛류를 넣는 경우도 있다.	마카롱의 제법은 머랭으로 만들지 않는다.
3. 마카롱의 입안 촉감	마카롱의 입안 촉감은 건조하고 입안에서 잘 부서진다.	마카롱의 입안 촉감은 촉촉하고 부드럽다.
4. 마카롱의 조화	마카롱의 조화는 넛류의 변화, 초콜릿, 차, 스파이스 등의 첨가에 의한 것 등만으로 변화의 폭이 작다.	마카롱의 조화는 잼, 마말레이드, 버터, 생크림 등 변화의 폭은 딱딱한 마카롱보다 넓다.
5. 마카롱의 광택	마카롱의 광택은 식품 첨가용의 아라비아고무, 슈가파우더, 설탕을 함께 물에 녹여 10~15% 정도의 용액을 뜨거울 때 붓을 사용하여 칠한다.	

제6절 머랭(Meriongue)은 어떻게 되는가?

1. 머랭은 어떻게 되는가?

머랭은 달걀흰자에 설탕을 넣고 거품을 올린 것으로 재료는 흰자와 설탕의 2가지이다.

2. 머랭의 종류는 무엇이 있는가?

머랭의 종류는 제조공정에 따라 차가운 머랭, 따뜻한 머랭, 이탈리안 머랭 3가지가 있다.

순서	머랭의 종류	머랭의 종류에 따른 만드는 순서	확인
1	차가운 머랭	차가운 머랭은 흰자에 먼저 설탕 40~50g 정도를 넣고 천천히 흰자를 가볍게 섞고 조금씩 혼합을 강하게 하여 60% 정도까지 거품을 올린다.	
		흰자를 저어가면서 남은 설탕을 여러 번 나누어 넣고 확실하게 딱딱한 머랭을 만든다.	
		믹서를 사용할 경우는 처음 저속으로 시작하여 어느 정도 거품이 오르면 중속으로 바꾼다.	
		너무 혼합속도가 빨라도 기포가 크고 기공이 굵은 머랭이 되어 버린다.	
		만들어진 머랭 반죽은 종이나 실리콘 종이 위에 짤 주머니를 사용하여 용도에 맞는 형태로 짠다.	
		종이 위에 짜도 좋으나 그렇게 되면 구운 후 종이가 붙어서 작업성이 나쁘다.	
		기름을 칠한 철판 위에 직접 짜서 구워도 좋지만 머랭에 부착한 기름이 날짜가 지남에 따라 산화하여 제품의 풍미를 잃게 하는 경우도 있다.	
		특히 보존성이 필요한 제품에는 기름을 칠한 철판을 절대로 피하는 것이 좋다.	
		차가운 머랭의 굽기는 건조한 오븐에 넣고 약한 불로 2시간 정도 안까지 구워지도록 한다.	
		시간이 너무 지나도 머랭의 안의 기포가 합쳐져서 크게 되고 제품이 처져 버리는 경우도 있다.	
2	따뜻한 머랭 (세공용)	따뜻한 머랭은 흰자와 설탕 50g을 볼에 넣고 중탕으로 열을 가열하면서 천천히 혼합한다.	

		차츰 혼합을 강하게 하고 남은 설탕은 3회 나누어 넣는다.	
		반죽 온도가 50℃ 정도가 되면 중탕에서 내리고 열이 빠져나갈 때까지 젓기를 계속해 확실하게 거품을 올린다.	
		반죽 온도의 기준은 볼을 잡은 손이 뜨겁게 느끼거나 또는 손가락을 넣고 느낄 정도면 좋다.	
		따뜻한 머랭은 너무 가열하면 흰자의 단백질이 변성하여 구운 제품이 부서진다.	
		오븐 종이 위에 짜고 저온의 오븐에 넣고 장시간 건조시킨다.	
3	이탈리안 머랭 (크림, 무스)	이탈리안 머랭을 만들 때는 손작업이라면 2사람이 필요하며 믹서라면 혼자 할 수도 있다.	
		볼에 흰자와 소량의 설탕(흰자의 양 20% 정도)을 넣고 처음에는 천천히 그리고 차츰 강하게 저어 거품을 올린다.	
		동 냄비에 남은 설탕과 물(설탕의 1/3 정도)을 넣고 불에 올린다.	
		이 시럽이 115℃까지 끓었을 때 흰자가 70% 정도 거품 오르도록 시간을 맞추는 것이 중요하다.	
		시럽이 끓어 졸여지면 거품을 건 머랭의 안에 가늘게 실 상태로 부어 넣어가면서 계속 거품 올린다.	
		이때 주의하지 않으면 부어 넣는 시럽이 거품기의 날개에 붙어 거품 올린 흰자가 섞이지 않을 때 엿 상태로 굳어지게 되기 때문이다.	
		시럽을 전부 넣으면 그대로 머랭의 뜨거운 열을 빠져나갈 때까지 젓기를 계속한다.	
		시럽을 끓이는 온도는 만든 머랭 온도에 맞추어 최저 110~125℃까지 변한다.	
		거품의 안정성이 상당히 좋으므로 반죽이나 크림에 혼합하거나, 별 모양 깍지로 짜서 케이크의 장식용에 사용한다.	
		이탈리안 머랭 제품을 표면에 칠해 뜨거운 오븐이나 버너 등으로 가볍게 구운 색을 낼 수도 있다.	

3. 머랭의 과학은 어떻게 되는가?

머랭의 과학은 달걀흰자가 지니는 거품성을 잘 살리는 것이다.

흰자 중의 단백질은 물의 표면장력을 약하게 하는 작용이 있고 만들어진 기포는 흰자 중의 단백질이 "공기에 접촉하면 딱딱한 막을 형성한다."라는 성질에 의해 안정되게 된다.

흰자의 기포성을 높이는 재료는 크림타타(주석산칼륨), 레몬 과즙, 식초, 소금이 있다.

4. 머랭을 만드는 방법은 어떻게 되는가?

머랭을 만드는 방법은 차가운 머랭, 뜨거운 머랭, 이탈리안식 머랭이 3가지가 있다.
각각 배합과 용도가 다르지만, 흰자와 설탕을 거품 올리는 머랭의 원칙은 같다.

1) 머랭 반죽의 배합표

순서	머랭 종류	흰자배합(g)	설탕배합(g)	확인
1	차가운 머랭	100	200	
2	따뜻한 머랭	100	280	
3	이탈리안 머랭	100	설탕 200	
			물 60	

5. 머랭의 조합은 어떻게 되는가?

머랭의 조합은 다른 반죽, 크림과의 조화를 생각하여 맛이나 향을 내는 것이다.

1) 머랭의 부재료와 역할은 어떻게 되는가?

머랭의 부재료는 향료, 커피, 초콜릿, 코코아, 프랄리네, 양주, 과즙, 시럽, 퓌레, 잼이 있으며,
역할은 맛과 향을 내는 것이다.

순서	머랭의 재료	머랭의 부재료의 역할	확인
1	향료	향료는 머랭 자체에 특징적인 향이 없으므로 바닐라 등 여러 가지 향료를 사용하여 향을 낼 수 있다.	
		향료는 바닐라 또는 오렌지나 레몬껍질로 향을 내도 좋다.	
2	커피 분말	커피 분말은 머랭 반죽의 3~4% 정도를 사용하며, 소량의 위스키로 커피를 녹여 사용하면 좋다.	
3	초콜릿	초콜릿은 머랭 반죽의 4~7%의 비타 초콜릿을 중탕하여 녹여 넣는다.	
4	코코아 분말	코코아 분말은 초콜릿 사용량의 1/2 양으로 코코아 분말 8% 정도를 넣어도 좋다.	

5	프랄리네 페이스트	프랄리네 페이스트는 아몬드, 헤즐넛, 호두, 프랄리네 페이스트를 머랭 반죽에 20% 정도를 넣는다.	
		넛류의 페이스트는 녹기 어려우므로 소량씩 넣고 섞으면 좋다.	
6	양주	양주는 머랭 반죽에 첨가시켜, 양주의 맛이나 알코올 도수에 따라 첨가량이 다르며 반죽이나 크림의 종류에 따라 양주를 사용하는 기준이 다르다.	
7	과즙, 시럽 퓌레, 잼	과즙, 시럽, 퓌레, 잼을 첨가하여 농후한 맛의 머랭을 만들 수 있다.	
		이탈리안 머랭을 넣는 경우는 시럽의 끓여 졸이는 온도가 높게 하거나, 젤라틴 등의 안정제를 사용하여 보강한다.	

제**3**장

버터케이크(Butter Cake)는
어떻게 되는가?

제**3**장

버터케이크(Butter Cake)는 어떻게 되는가?

제1절 버터케이크(Butter Cake)는 어떻게 되는가?

버터케이크는 버터 등 유지에 설탕, 달걀을 넣고 거품 올려 제조한 케이크이다.

1. 버터케이크의 역사와 분류는 어떻게 되는가?

버터케이크는 영국에서 발전하였으며, 분류는 배합, 제법상의 분류 2가지가 있다.

순서	제조과정	버터케이크의 역사, 배합, 분류	확인
1	버터케이크의 정의	버터케이크는 버터, 마가린, 쇼트닝 등 유지를 거품 올리고, 달걀, 박력분을 넣고 제조한 케이크이다.	
2	버터케이크의 역사	버터케이크의 역사는 영국에서 발전한 과자로 파운드케이크, 프랑스의 마들렌, 독일의 바움쿠헨 등이 대표적이다.	
3	버터케이크의 배합	버터케이크의 배합은 유지, 설탕, 달걀, 밀가루의 4종류를 1파운드(453g)씩 넣어 만든 파운드케이크가 대표적이다.	
		반죽에 유지가 혼합되어 유지에 의한 공기팽창과 달걀, 팽창제에 의한 수증기 팽창이 이루어지며 틀에 넣어 구워내는 케이크이다.	
4	버터케이크의 분류	버터케이크의 분류는 배합에 의한 분류, 제법상의 분류 2가지가 있다.	

2. 버터케이크의 배합상, 제법상 분류는 어떻게 되는가?

버터케이크의 배합상 분류는 버터케이크, 과일 케이크가 있으며, 제법상 분류는 크림법, 블랜딩법, 1단계법이 있다.

순서	버터케이크 분류	버터케이크 종류	버터케이크의 배합상, 제법상 분류	확인
1	버터케이크의 배합상 분류	버터케이크	버터케이크의 기본 원재료는 유지(버터), 설탕, 달걀, 박력분의 4가지이다.	
			파운드케이크가 대표적으로 4가지 재료를 1파운드(453g)씩 같은 양을 사용하여 만든다.	
		과일 케이크	과일 케이크는 과일이 많이 들어간 고급의 버터케이크는 영국의 전통적인 제품이다.	
			과일 케이크는 크리스마스 케이크와 파티 케이크, 웨딩케이크의 받침용으로도 만들어진다.	
			박력분 대신 넛류 분말을 사용하거나, 넛류만 사용하는 것, 과일류가 들어가는 배합도 있다.	
			단디 케이크는 스코틀랜드의 마을로 오렌지 필을 이용하여 19세기에 만들어진 과자이다.	
2	버터케이크의 제법상 분류	크림법 (슈가 버터법)	크림법은 버터를 부드럽게 한 후 설탕, 달걀을 넣고 거품 올리고 밀가루를 섞어 만드는 법이다.	
		블랜딩법 (플라워 버터법)	블랜딩법은 버터에 박력분의 일부를 넣고 섞은 후 설탕, 달걀을 넣고 거품 올리고 남은 밀가루를 섞어주는 법이다.	
		1단계법 (올인법)	1단계법은 버터, 설탕, 달걀, 박력분, 유화제 등을 한꺼번에 넣고 거품을 올리는 방법이다.	

3. 버터케이크의 종류는 무엇이 있는가?

버터케이크의 종류는 과일이 첨가되지 않는 버터케이크와 과일이 첨가된 과일 버터케이크가 있다.

순서	버터케이크	버터케이크의 종류	확인
1	과일의 첨가가 없는 버터케이크	과일이 첨가되지 않는 케이크는 파운드케이크, 마블케이크, 만델라케이크, 잔트쿠헨, 생강케이크가 있으며, 파운드케이크(Pound Cake)는 버터, 설탕, 달걀, 밀가루 등 4가지 재료를 동일하게 넣어 만드는 대표적인 버터케이크이다.	
		마블케이크(Marble Cake)는 코코아를 첨가한 케이크이다.	
		만델라케이크(Madeira Cake)는 아몬드를 첨가한 케이크이다.	
		잔트쿠헨(Sand Kuchen)는 파운드케이크의 독일어명이다.	
		생강 케이크(Ginger Cake)는 생강을 넣은 영국의 유명한 케이크이다.	
		슬래브 케이크(Slub Cake)는 영국에 대표적인 두꺼운 판 상태로 구운 직사각형의 대리석 모양으로 만든 케이크이다.	
2	과일 첨가 버터케이크	과일이 첨가된 케이크는 과일 케이크, 프럼케이크, 단디케이크, 계피케이크, 체리케이크가 있으며, 과일 케이크(Fruit Cake)는 과일을 넣은 버터케이크이다.	
		플럼케이크(Plum Cake)는 자두를 넣은 버터케이크이다.	
		단디케이크(Dundee Cake)는 오렌지 필을 넣은 버터케이크이다.	
		계피케이크(Cinnamon Cake)는 계핏가루를 첨가한 버터케이크이다.	
		체리 케이크(Cherry Cake)는 체리를 첨가한 버터케이크이다.	

4. 고급적인 버터케이크의 조건은 어떻게 되는가?

고급적인 버터케이크의 조건은 버터의 양이 많고 내상이 촉촉하고 무거운 느낌을 주고 보존성이 좋다. 일반적으로 버터케이크는 고급배합으로 만들수록 제품의 무게가 무겁고 고급적이며 높은 가격으로 판매되고 있다.

5. 버터케이크의 배합과 기본은 어떻게 되는가?

1) 버터케이크의 배합작성을 위한 기본원리는 어떻게 되는가?

버터케이크의 배합작성과 기본원리는 오랫동안 기술자들의 시행착오를 거쳐 얻어진 결과의 산물이다. 버터케이크의 기본 배합은 버터, 설탕, 달걀, 박력분의 4가지 재료의 동일 양의 배합이 기준이다.

2) 버터케이크 반죽의 배합표

순서	재료	배합 비율(%)	배합량(g)	확인
1	버터	100	450	
2	설탕	100	450	
3	달걀	100	450	
4	박력분	100	450	
5	바닐라 향	0.5	2.25	
6	양주	2	9	
합계	-	402.5%	1,811.25g	

3) 버터케이크의 재료 배합의 균형은 어떻게 되는가?

버터케이크의 재료 배합의 균형은 버터케이크를 구성하는 원재료의 분량을 어떤 비율로 하느냐에 따라 맛과 품질이 달라진다. 버터케이크에 사용하는 원재료는 유지(버터), 설탕, 달걀, 박력분 등 4가지이다. 필요에 따라 우유, 물, 베이킹파우더, 과일, 넛류, 코코아, 각종 향신료, 꿀, 물엿이 첨가된다.

6. 버터케이크의 재료의 역할은 어떻게 되는가?

버터케이크의 재료의 역할은 유지는 거품 형성과 풍미, 달걀은 거품과 풍미, 설탕은 단맛과 기포 안정과 색깔, 박력분은 골격형성, 전분은 부드러움을 주며 초콜릿, 향, 과일, 우유 등은 맛을 추가시킨다.

순서	재료명	버터케이크의 재료의 역할	확인
1	박력분	박력분은 버터케이크 제품의 형태를 만들며 첨가하는 비율이 적을수록 가볍고 부드러운 식감을 얻을 수 있다.	
2	전분	전분은 밀가루양에 대비하여 12%까지 사용하며 제품을 부드럽게 만든다.	
3	달걀	달걀은 기포를 형성시켜 부드러움을 주며 달걀양이 많으면 반죽이 고무처럼 입안에서 딱딱하게 되고 표면이 평평하게 되지 않고 부풀음도 나쁘게 된다.	
		달걀은 풍미를 좋게 하고 밀가루와 같이 몸체를 형성하는 요소, 기포를 형성시켜 부드러움을 만든다.	

		달걀은 수분은 밀가루 전분을 팽윤시켜 알파화시키고 글루텐 형성을 돕고, 설탕을 녹이며, 수증기를 발생시켜 반죽을 부풀게 한다.	
4	설탕	설탕은 단맛, 기포 안정, 촉촉함, 전분 노화 방지, 제품의 색깔을 낸다.	
		설탕은 반죽의 부피를 크게 하는 역할을 설탕이 적으면 공기팽창에 의한 기존의 안전성이 떨어지기 때문에 부풀음, 보습성이 나쁘게 되고 여분의 수분이 밑바닥에 뭉쳐 밑부분이 덜 구워지게 된다.	
5	물	물은 수분량이 많으면 굽기 중에 잘 부풀지만 오븐에서 꺼낸 후 급속도로 처지고 측면과 안면이 수축하여 상하로 오므라드는 형태가 된다.	
		물(수분)량이 적으면 밀가루 단백질과 열 응고력을 충분히 얻을 수 없기 때문에 반죽이 잘 부풀지 않는다.	
6	유지 (버터)	유지가 과다하면 제품이 무겁고 식감도 기름기가 가득하게 된다.	
		유지가 작은 반죽은 기공이 거칠고 광택이 부족하며 식감도 딱딱하게 된다.	
		유지는 크림성에 의한 공기팽창, 풍미 부여, 기공을 조밀하게 하며 독특한 식감을 주며 버터가 제일 좋다(쇼트닝 20%).	
7	코코아	코코아는 초콜릿 맛을 부여하며 밀가루 양의 20~30%를 사용한다.	
8	초콜릿	초콜릿은 맛을 부여하며 10~20% 정도를 녹여서 반죽에 넣는다.	
9	넛류	넛류는 풍미를 부여하며 아몬드가 제일 많이 사용된다.	
10	향료	바닐라는 0.5% 정도를 사용하여 비린 맛을 제거하며 온화한 맛을 준다.	
		계피, 글로브, 넷메그, 올스파이스를 사용 풍미를 증가하며 방부 효과를 준다.	
11	팽창제	팽창제는 베이킹파우더, 베이킹소다로 2% 정도를 사용하여 반죽을 부풀린다.	
12	우유	우유는 영양과 맛을 주며 수분(물)을 조절하며 10~20% 정도를 사용한다.	
13	소금	소금은 짠맛을 주며 1~2%를 사용한다.	
14	과일	과일은 맛을 부여하며 건포도, 오렌지 필, 레몬 필, 체리, 잘게 자른 넛류, 생강 등을 첨가하며 반죽에 20~50% 정도를 사용한다.	

7. 버터케이크의 제법은 어떻게 되는가?

버터케이크의 제법은 유지(버터)의 거품을 올리는 순서에 따라 크림법(슈가 버터법), 블랜딩법(플라워 버터법 Flour Batter Process), 1단계법(올인법 All In One Methode)의 3가지가 있다.

1) 크림법의 정의는 어떻게 되는가?

크림법은 버터에 설탕, 달걀을 순서로 넣고 거품을 올린 후 박력분을 섞는 제법이다.

(1) 크림법의 장점과 단점은 어떻게 되는가?

크림법의 장점은 제조 작업이 간단하며 거품성과 부피가 크다. 단점은 달걀이 분리되기 쉽고 글루텐 발생이 과다하게 되어 탄력성이 적어 반죽이 딱딱하게 된다.

순서	크림법	크림법의 장점과 단점	확인
1	크림법의 장점	크림법의 장점은 부피가 큰 제품을 얻을 수 있으며 제조 작업 능률과 거품성이 좋다.	
		크림법은 제조 작업이 간단하고 마무리가 깨끗하며, 다량의 반죽 제조에 적당하다.	
2	크림법의 단점	크림법의 단점은 유지가 적은 배합이면 달걀이 분리하기 쉽고 밀가루를 넣은 후 혼입이 지나치면 글루텐이 과다하게 나올 수 있다	
		버터케이크 크림법은 유지의 크림성(공기포집 성질)을 이용해 만들며 스펀지케이크처럼 부풀움이나 탄력성이 적다.	

(2) 크림법 반죽의 배합표

순서	재료	배합 비율(%)	배합량(g)	확인
1	버터	100	450	
2	설탕	100	450	
3	달걀	100	450	
4	박력분	100	450	
5	바닐라	0.5	2.25	
6	양주	2	9	
합계	-	402.5%	1,811.25g	

(3) 크림법을 만드는 순서는 어떻게 되는가?

크림법을 만드는 순서는 버터 거품 올리기, 달걀과 밀가루 섞기, 우유 섞기, 팬닝하기, 굽기이다.

순서	제조과정	크림법을 만드는 순서	확인
1	버터 거품 올리기	버터 거품 올리기는 볼에 버터(24℃)를 넣고 설탕을 3회 나누어 넣고 충분히 거품을 올린다.	
2	달걀 섞기	달걀 섞기는 버터+설탕 반죽에 달걀을 3회 나누어 넣고 거품을 올린다.	
		달걀은 한 번에 넣으면 버터가 분리하므로 반드시 3회 정도 나누어 넣고 거품을 올린다.	
3	가루류 섞기	가루류 섞기는 박력분, 베이킹파우더, 바닐라 향을 함께 체질하여 넣고 나무 주걱을 사용하여 30회 정도 저어 섞어 합친다.	
4	우유 섞기	우유 섞기는 우유를 넣고 나무 주걱으로 30회 정도 혼합하여 부드러운 반죽을 만든다.	
5	팬닝 하기	팬닝 하기는 파운드 틀에 종이를 넣고 반죽 730g 정도를 조심스럽게 부어 넣어 표면을 평평하게 한다.	
		파운드 틀에 맞는 기름종이를 넣고 반죽을 조심스럽게 부어 넣어 표면을 평평하게 펼친다.	
6	굽기	굽기 온도는 180℃에 넣고 약 40분 전후에서 구워낸다.	

(4) 크림법의 버터케이크의 만드는 법은 어떻게 되는가?

버터케이크를 만드는 크림법은 공립 크림법과 별립 크림법이 있다.

순서	제조과정	크림법 버터케이크의 만드는 법	확인
1	공립 크림법	공립 크림법은 볼에 유지(버터)를 넣고 설탕을 3회 나누어 넣고 거품을 올린다.	
		거품 올린 버터에 달걀을 3회 나누어 넣고 거품을 올린다.	
		박력분, 베이킹파우더, 바닐라를 함께 체질하여 넣고 나무 주걱으로 30회 정도 저어 섞어 합친다.	
		파운드 틀에 종이를 넣고 반죽을 조심스럽게 부어 넣어 표면을 평평하게 한다.	
		굽기는 오븐 온도 180℃에 넣고 약 40분 전후에서 구워낸다.	
2	별립 크림법	별립 크림법은 볼에 부드러운 버터를 넣고 설탕을 여러 차례 나누어서 거품기로 저어 하얗게 될 때까지 거품을 올린다.	
		다른 볼에 노른자, 설탕을 넣고 저어 하얗게 만든 반죽에 조금씩 넣고 잘 저어서 섞은 후 바닐라 오일을 넣어 섞는다.	
		다른 볼에 흰자를 넣고 설탕을 3회 나누어 넣어 머랭을 만든다.	
		노른자 반죽에 머랭을 1/3, 섞은 후 체질한 박력분, 베이킹파우더를 넣고 나무 주걱으로 자르듯이 30회 정도로 전체를 균일하게 혼합한다.	
		팬닝은 파운드 틀에 맞는 기름종이를 넣고 반죽 730g 정도를 조심스럽게 부어 넣어 표면을 평평하게 한다.	
		굽기는 오븐 온도 180℃에 넣고 약 40분 전후에서 구워낸다.	

2) 블랜딩법(플라워 버터법 · Flour Batter Process)은 어떻게 되는가?

블랜딩법은 버터에 박력분의 일부를 넣고 설탕과 달걀 등 재료를 첨가하는 방법이다.

순서	제조과정	블랜딩법의 만드는 법	확인
1	블랜딩법 정의	블랜딩법은 크림 상태로 만든 버터에 박력분(10~20%)을 넣고 잘 섞어가면서 설탕과 달걀 등의 재료를 첨가하는 방법이다.	
		유지가 적은 배합은 유지와 밀가루를 섞어 크림으로 만들어 달걀의 수분이 밀가루에 흡수되어 분리가 생기지 않는다.	
		블랜딩법은 유지의 배합량이 적은 저가격의 버터케이크 제법이다.	

(1) 블랜딩법의 장점과 단점은 어떻게 되는가?

블랜딩법의 장점은 가볍고 부드러운 케이크가 되며, 단점은 제조공정이 복잡하다.

순서	제조과정	블랜딩법의 장점과 단점	확인
1	블랜딩법 장점	블랜딩법의 장점은 버터와 박력분을 잘 섞여 탄력이 적은 가볍고 부드러운 버터케이크가 된다.	
	블랜딩법 단점	블랜딩법의 단점은 제조공정이 복잡하고 2대의 믹서기가 필요하며, 유지가 많은 배합은 글루텐 형성이 과도하여 구워낸 반죽이 처지거나 밀가루가 남게 되기 쉽다.	

(2) 블랜딩법 버터케이크 반죽의 배합표

순서	재료	배합 비율(%)	배합량(g)	확인
1	버터	100	400	
2	박력분 A	10~20	40~80	
3	설탕	100	400	
4	달걀	100	400	
5	박력분 B	80~90	320~360	
6	베이킹파우더	2	8	
7	바닐라	0.1	0.4	
8	양주	2	8	
9	건포도	10	40	
10	아몬드 슬라이스	10	40	
11	우유	10	40	
합계	-	424.1~444.1%	1,696.4~1,776.4g	

(3) 블랜딩법의 만드는 순서는 어떻게 되는가?

블랜딩법의 버터케이크를 만드는 순서는 박력분에 유지 섞기, 달걀, 설탕 섞기, 버터 거품 올리기, 밀가루 섞기, 팬닝, 굽기이다.

순서	제조과정	블랜딩법을 만드는 순서	확인
1	박력분 A+ 유지 섞기	유지(버터)에 박력분 A를 넣어 섞은 후 휘핑한 것에 설탕을 넣고 섞은 다음 달걀을 섞는다.	
2	달걀 + 설탕 섞기	다른 용기에 달걀과 설탕을 60~70% 정도 거품 올려 2가지 반죽을 혼합한다.	
3	버터 거품 올리기	버터 거품 올리기는 볼에 부드러운 버터를 넣고 거품기로 크림 상태를 만든다.	
4	박력분 B 섞기	박력분 B 섞기는 체질한 박력분 B를 넣고 섞은 후 하얗게 될 때까지 저어 섞는다.	
5	달걀 섞기	달걀 섞기는 설탕과 달걀은 혼합한 것을 버터에 조금씩 이겨 나간다.	
		설탕과 달걀을 교환해 넣으면 설탕과 달걀을 거품 올려 섞는 방법도 있다.	
6	바닐라 섞기	바닐라 섞기는 바닐라 오일(향)을 넣고 섞는다.	
7	반죽 조절 하기	반죽 조절하기는 박력분, 베이킹파우더를 체질하여 넣고 나무 주걱으로 섞어 혼합한 다음 우유(물)로 조절한다.	
8	팬닝	팬닝은 파운드 틀에 반죽을 80% 정도(730g)를 넣는다.	
9	굽기	굽기는 오븐 온도 180℃에서 약 40분 정도로 구워낸다.	

3) 1단계법(올인법 · All in one Methode)은 어떻게 되는가?

1단계법(올인법)의 정의는 액체의 쇼트닝처럼 유화성이 좋은 특수유지(유화 기포제 첨가)에 믹서를 사용하여 전 재료를 한번에 혼합하여 믹싱하는 방법이다.

(1) 1단계법의 장점과 단점은 어떻게 되는가?

1단계법의 장점은 작업성이 좋으며 간단하게 가벼운 버터케이크 반죽을 만들 수 있는 편리하다. 단점은 유화제를 사용하는 점이다.

순서	제조과정	1단계법의 장점과 단점	확인
1	1단계법의 장점	1단계법의 장점은 전 재료를 한번에 넣고 믹서로 거품을 올리는 방법으로 작업성이 좋으며, 간편하게 부드러운 버터케이크 반죽을 만들 수 있는 편리한 방법이다.	
	1단계법의 단점	1단계법의 단점은 유화제를 2~3% 첨가하여 사용하는 점이다.	

(2) 1단계법 버터케이크 반죽의 배합표

순서	재료	배합 비율(%)	배합량(g)	확인
1	버터	100	450	
2	설탕	100	450	
3	달걀	100	450	
4	박력분	100	450	
5	바닐라	0.5	2.25	
6	양주	2	9	
7	유화제	2	9	
합계	-	404.5%	1,820.25g	

(3) 1단계법을 만드는 순서는 어떻게 되는가?

1단계법으로 버터케이크를 만드는 순서는 밀가루, 유지, 달걀, 설탕, 유화제, 버터를 한꺼번에 넣고 거품 올리기, 팬닝, 굽기가 있다.

순서	제조과정	1단계법을 만드는 순서	확인
1	밀가루 + 유지 섞기	밀가루에 유지 섞기는 유지(버터)에 밀가루 A를 넣어 섞은 후 휘핑한 것에 설탕을 넣고 섞은 다음 달걀을 섞는다.	
2	달걀 + 달걀 유화제 섞기	달걀 유화제 섞기는 버터를 믹싱한 용기에 달걀과 설탕, 유화제를 넣고 거품을 올린다.	
3	버터 거품 올리기	버터 거품 올리기는 볼에 부드러운 버터를 넣고 거품기로 크림 상태를 만든다.	
4	바닐라 섞기	바닐라 섞기는 바닐라 오일을 넣고 섞는다.	
5	밀가루 섞기	밀가루 섞기는 박력분, 파우더를 체질하여 넣고 나무 주걱으로 30회 정도 섞어 혼합한다.	
6	반죽 조절	반죽 조절은 우유(물)로 조절한다.	
7	팬닝	팬닝은 파운드 틀에 반죽을 80% 정도(730g)를 넣는다.	
8	굽기	굽기는 오븐 온도 180℃에서 약 40분 정도로 구워낸다.	

8. 버터케이크의 반죽과 온도관리는 어떻게 하는가?

버터케이크의 반죽은 온도관리가 중요하며 반죽 온도와 작업장 온도가 낮으면 크림성이 잘되지 않아 좋은 거품 올림이 만들어지지 않기 때문이다.

9. 버터케이크를 만드는 순서는 어떻게 되는가?

버터케이크를 반죽을 만드는 순서는 믹싱, 온도, 비중, 팬닝, 분할, 굽기가 있다.

순서	제조과정	버터케이크를 만드는 순서	확인
1	믹싱 방법	믹싱 방법은 크림법, 블랜딩법, 1단계법(올인법)으로 모두 만들 수 있다.	
2	반죽 온도	반죽 온도는 20~24℃ 정도이다.	
3	반죽 비중	반죽 비중은 0.80~0.90 정도이다.	
4	반죽 팬닝	반죽 팬닝은 이중 팬은 옆면과 밑면 위 급격한 껍질 형성 방지, 두꺼운 껍질을 형성을 방지하기 위함이다.	
		일반 팬은 식빵 틀과 비슷하게 팬닝한다.	
5	반죽 분할	반죽 분할량은 반죽은 틀의 70%(730g)까지 채워 넣으며 반죽량은 1g당 $2.4cm^3$이다.	
6	반죽 굽기	반죽 굽기 온도는 170~180℃(평철판 사용 180~190℃)로 설정하여 굽기 시간은 25~40분간 구워낸다.	
7	파운드케이크의 윗면이 터지는 원인	파운드케이크의 윗면이 터지는 원인은 오븐 온도가 높아 껍질 형성이 빠르거나, 설탕 입자가 용해되지 않고 남아 있기 때문이다.	
		파운드케이크의 윗면이 터지는 원인은 넣기 후에 반죽을 장시간 실온에서 방치하였거나 반죽의 수분이 부족하기 때문이다.	

10. 버터케이크의 재료의 혼합순서는 어떻게 되는가?

버터케이크의 재료의 혼합순서는 유지(버터), 설탕, 달걀, 밀가루 이외의 여러 가지 재료를 각각 순서에 맞추어 혼합하는 것이 좋다.

1) 버터케이크의 재료의 혼합순서

버터케이크 재료의 혼합순서는 유지(버터)에 설탕, 물엿, 달걀, 밀가루, 물, 바닐라향, 양주, 과일의 순서로 넣는다.

순서	제조과정	버터케이크 재료의 혼합순서	확인
1	유지 혼합	유지 혼합은 볼에 버터를 넣고 거품 올리고 설탕을 3회 나누어 넣고 거품을 올린다.	
2	달걀 혼합	달걀 혼합은 버터에 설탕을 3회 나누어 넣고 거품 올린 반죽에 달걀을 3회 나누어 넣고 혼합한다.	
3	밀가루의 혼합	밀가루 혼합은 가루류(분말, 넛류, 전분, 팽창제, 코코아, 스파이스 등)는 밀가루와 함께 체질하여 동시에 넣고 나무 주걱으로 30회 정도 저어 섞는다.	
4	물 혼합	물 혼합은 추가의 수분(물, 우유 등)은 밀가루가 모두 섞인 후 제일 나중에 넣어 반죽의 되기를 조절한다.	
5	물엿 혼합	물엿 혼합은 물엿, 물, 전화당 등은 달걀과 함께 넣는다.	
6	바닐라 혼합	바닐라 혼합은 제일 나중에 밀가루에 섞어 합치기 직전에 넣는다.	
7	과일 혼합	과일 혼합은 반죽 제조공정의 제일 나중에 넣고 섞는다.	

11. 버터케이크의 만들기의 실패 원인은 어떻게 되는가?

버터케이크를 만들기의 실패 원인의 3가지 요소는 사용한 원재료 문제, 배합 균형의 문제, 기술자의 작업의 문제가 있다.

1) 버터케이크의 실패와 원인은 어떻게 되는가?

버터케이크의 실패와 원인은 M형 중앙이 처지는 것, X형 측면이 수축하여 곡선이 된 것, 껍질이 너무 두껍거나, 과일 케이크의 과일이 밑으로 처지거나, 구워낸 케이크가 처지는 현상은 밀가루의 글루텐이 약하기 때문이다.

버터케이크의 중앙이 너무 부풀은 것이나, 구워 낸 케이크가 딱딱한 것은 글루텐이 강하기 때문이다. 버터케이크의 부피가 부족한 것은 유지의 크림성이 나쁘기 때문이다.

실패 유형	재료 원인	배합 원인	작업공정 원인
1. M형 중앙이 처진다.	밀가루 글루텐이 약하다	설탕이 많다.	유지에 거품을 올림이 지나치다.
			달걀의 거품 올림이 지나치다.
			굽기가 불충분하여 내부가 완전히 구워지지 않았다.
		베이킹파우더가 많다. 수분이 과다하다.	굽기 중 틀을 움직여 반죽에 충격을 주었다.
2. X형 측면이 수축하여 곡선이 되었다.	밀가루 글루텐이 약하다.	달걀의 양이 부족하다.	유지에 거품을 올림이 부족하다.
		설탕이 적다.	달걀의 거품 올림이 부족하다.
		베이킹파우더가 부족하다.	굽기가 불충분하다.
		수분이 과다하다.	굽기 중 반죽에 충격을 주었다.
3. 중앙이 너무 부풀었다.	밀가루 글루텐이 너무 강하다.	달걀의 양이 많다.	밀가루를 넣고 반죽을 너무 이겼다.
		설탕이 많다.	
		베이킹파우더가 많다. 수분이 많다.	고온, 습기 부족의 오븐에 구웠다.
4. 부피가 부족하다.	유지의 크림성이 나쁘다.	설탕량이 부족하다.	유지의 거품이 부족하다.
		베이킹파우더 양이 부족하다.	밀가루 섞음이 부족하다.
			반죽 온도가 너무 낮다.
5. 껍질이 너무 두껍다.	밀가루 글루텐이 약하다.	설탕의 양이 과다하다.	오븐 온도가 과다하다.
			온도가 낮은 오븐에서 장시간 구웠다.
6. 구워낸 케이크가 처진다.	밀가루 글루텐이 약하다.	설탕이 과다하다. 유지가 과다하다. 달걀량이 적다.	혼합 횟수가 부족하다.
7. 구워낸 케이크가 딱딱하다.	밀가루 글루텐이 강하다.	설탕과 유지 양이 부족하다.	밀가루를 넣고 반죽을 너무 섞어 혼합하였거나 너무 오래 구웠다.
8. 과일 케이크의 과일이 밑으로 처졌다.	밀가루 글루텐이 약하다.	밀가루가 부족하다.	반죽을 거품 올리기 위한 작업공정이 과다하다.
		설탕이 과다하다.	
		베이킹파우더가 과다하다.	반죽의 혼합이 부족하다.
			과일의 수분이 빠지지 않았다.
		달걀량이 적다.	굽기 시간이 너무 길었다.

12. 버터케이크의 굽기 공정은 어떻게 되는가?

버터케이크의 굽기 공정은 160~180℃ 정도의 온도에서 시간을 충분히 굽는다.

버터케이크의 굽기는 스펀지케이크보다 반죽이 무겁고, 반죽 중앙까지 불이 잘 통하지 않으므로 처음부터 윗불을 강하게 하면 반죽이 충분히 부풀지 않고 덜 익기 쉽다.

1) 버터케이크의 굽기의 변화 사항은 어떻게 되는가?

버터케이크의 굽기의 변화는 오븐 팽창, 온도, 습도, 굽는 시간에 따라 달라진다.

순서	제조과정	버터케이크의 굽기의 변화	확인
1	오븐 팽창	오븐 팽창은 오븐에 반죽을 넣고 버터케이크 반죽이 굽기를 마치기까지에는 반죽 온도가 급속하게 상승해 유지가 녹아 오일 상태가 되어 팽창한다.	
		오븐 팽창은 반죽의 수분이 수증기로 변하고 반죽을 팽창시킨다.	
		오븐 팽창은 유지와 달걀에 의한 거품 포집으로 반죽 중에 들어 있는 공기가 팽창하여 반죽에 세밀한 기공을 만들어 부풀어진다.	
		오븐 팽창으로 달걀과 밀가루의 단백질, 전분이 열 응고하여 내상이 형성되며, 표면이 건조하여 설탕이 캐러멜화되고 구운 색이 나서 딱딱한 껍질이 형성된다.	
		버터케이크 굽기의 중요한 것은 껍질 형성까지 될 수 있는 한 늦추어 반죽의 중심부까지 완전히 열을 통과시켜 최대의 부피를 얻는 것이다.	
		오븐 팽창은 온도, 습도, 굽는 시간을 잘 조절하는 것이 중요하다.	
2	오븐 온도	오븐 온도는 버터케이크는 170~200℃가 기준이 된다.	
		오븐 온도는 오븐 윗불과 아랫불의 조절은 굽기를 시작할 때에는 밑불을 강하게 하고 반죽이 부풀어 오르면 윗불을 강하게 하여 구워낸다.	
		오븐 온도가 높은 경우는 표면의 구운 색이 빨리 나며, 적당한 시간보다 빨리 오븐에서 꺼내게 되어 틀에서 꺼내면 중앙이 덜 익게 된다.	
3	오븐 습도	오븐 습도는 오븐 안의 적당한 습기가 존재해야 껍질 형성을 억제하는 필수적인 요소이다.	
		오븐 습도는 반죽의 건조와 더불어 설탕의 캐러멜화에 의해 만들어지므로 표면을 건조시키면 껍질도 천천히 형성된다.	
		오븐 습도가 있어야 반죽 껍질이 천천히 형성하면 반죽의 중심까지 시간이 오래 걸려 불이 통과하게 되어 케이크는 최대의 부피를 얻을 수 있다.	

4	굽는 시간	굽는 시간은 오븐의 온도 및 제품의 크기와 밀접한 관계가 있다.	
		굽는 시간은 오븐 온도가 높을수록 짧아지고 제품을 크게 하려면 굽는 시간이 많이 걸리며 각각 적합한 시간이 있다.	
		굽는 시간은 반죽의 상태나 양, 오븐의 성능 등에 따라 큰 폭으로 변한다.	
		굽는 시간을 얼마만큼 구울까? 하는 굽기 시간은 외관으로 판단하는 것은 곤란하다.	
		굽는 시간 판단은 윗면의 중앙을 손으로 가볍게 눌러보아 충분한 탄력을 느낄 때까지 구워야 한다.	
		굽는 시간이 너무 걸리면 표면이 건조하게 되고 껍질이 두껍게 된다.	
		굽는 시간이 지나치면 설탕의 캐러멜화가 껍질에서 안쪽으로 급속하게 진행되어 케이크의 내부까지 색이 나게 된다.	
5	굽기 시 주의사항	굽기 시 주의사항은 설탕의 배합량이 많을수록 낮은 온도에서 길게 굽고, 꿀, 물엿, 전화당 등은 설탕보다 색이 나기 쉬우므로 굽는 온도와 시간에 주의한다.	
		굽기 시 주의사항은 낮은 온도에서 장시간 걸려 굽는 경우는 오븐 내에 적절한 습도와 온도가 필요하다.	
		굽기 시 고온에서 굽는 경우 구운 색이 빨리 나므로 도중에 윗면에 종이를 씌워 올려 그 이상 색이 나지 않도록 주의한다.	
		굽는 시간을 길게 하는 제품은 옆면 껍질이 두껍게 되지 않도록 틀의 안쪽에 종이를 포개어 올리거나 종이에 물을 묻혀두면 효과적이다.	
		파운드케이크 등 윗면이 깨끗하게 갈라지게 하고 싶을 때는 굽기 직전 중앙에 칼집을 넣고 그 위에 소량 버터를 짜준 다음 굽는다.	
		굽기 시 주의사항은 굽기 중에 반죽을 옮기거나 충격을 주면 안 된다.	

제2절 버터케이크의 제품의 종류는 무엇이 있는가?

버터케이크의 제품의 종류는 파운드케이크, 과일 케이크, 마들렌, 머핀케이크, 브라우니, 휘낭시에 등이 있다.

1. 파운드케이크(pound cake)는 어떻게 되는가?

파운드케이크는 유지(버터), 설탕, 달걀, 박력분을 각각 1파운드(453g)씩 같은 양을 배합, 반죽하여 틀에 넣어 구운 버터케이크이다. 파운드케이크의 기본 배합이 1파운드 단위이기 때문에 붙여진 이름으로 여러 가지 배합률을 응용하여 만든다.

1) 파운드케이크(Pound Cake) 반죽의 배합표

순서	재료	배합 비율(%)	배합량(g)	확인
1	버터	100	450	
2	설탕	100	450	
3	달걀	100	450	
4	박력분	100	450	
5	베이킹파우더	2	9	
6	바닐라	0.1	0.45	
7	양주	2	8	
8	우유	10	45	
합계	-	414.1%	1,862.45g	

2) 파운드케이크를 만드는 순서는 어떻게 되는가?

파운드케이크를 만드는 순서는 버터, 설탕, 달걀의 믹싱, 밀가루, 과일 혼합, 팬닝, 분할, 굽기, 마무리가 있다.

순서	제조과정	파운드케이크를 만드는 순서	확인
1	반죽 믹싱	반죽 믹싱은 버터, 쇼트닝에 설탕, 흑설탕을 3회 나누어 넣고 믹서에 넣고 사용하여 중고속으로 섞어 거품을 올린다.	
2	달걀 혼합	달걀 혼합은 버터가 포마드 상태가 되면 달걀을 3회로 나누어 넣고 전체가 섞일 때까지 믹싱하여 거품을 올린 후 적당량의 캐러멜을 넣어 착색한다.	
3	박력분 혼합	박력분 혼합은 체질한 박력분과 베이킹파우더를 넣고 나무 주걱을 사용하여 30회 정도 저어 가볍게 혼합한다.	
4	과일 혼합	과일 혼합은 레몬 필, 오렌지 필, 건포도를 박력분에 씌워 넣고 나무 주걱으로 30회 정도 저어 잘 섞어 합친다.	
5	팬닝	팬닝은 틀에 80% 정도 반죽(730g)을 부어 넣고 윗면을 평평하게 한다.	
6	굽기	굽기는 오븐 온도 160~180℃에 넣고 시간은 40~60분간 정도로 구워낸다.	
7	마무리	마무리는 틀에서 빼내고 윗면에 럼주를 붓으로 듬뿍 칠해준다.	
8	보관	보관은 밀폐하여 1일간 놓아둔 후 다시 한번 럼주를 붓으로 칠해 듬뿍 적셔 잘라 나눈다.	

2. 과일 케이크는 어떻게 되는가?

과일 케이크는 버터케이크 반죽에 과일류를 첨가하여 만든 케이크이다.

1) 과일 케이크 반죽의 배합표

과일 케이크에 혼합하는 과일 믹스는 건포도 35%, 체리 150%, 오렌지 필 70%, 호두 130%, 사과 100% 비율이다.

순서	재료	배합 비율(%)	배합량(g)	확인
1	버터	50	150	
2	쇼트닝(버터)	50	150	
3	설탕	70	210	
4	흑설탕	10	30	
5	달걀	85	255	
6	박력분	85	255	
7	강력분	15	45	

8	베이킹파우더	7	21	
9	* 과일 믹스	300	900	
10	브랜디	10	30	
11	럼주	10	30	
12	계핏가루	1	3	
13	넷메그	1	3	
합계	-	694%	2,052g	

2) 과일 케이크를 만드는 순서는 어떻게 되는가?

과일 케이크를 만드는 순서는 반죽 믹싱, 달걀, 박력분, 과일 혼합, 팬닝, 분할, 굽기, 마무리이다.

순서	제조과정	과일 케이크를 만드는 순서	확인
1	반죽 믹싱	반죽 믹싱은 버터, 쇼트닝, 설탕, 흑설탕을 믹서에 넣고 비터를 사용하여 중고속으로 3~5분 정도 섞는다.	
2	달걀 혼합	달걀 혼합은 버터가 포마드 상태가 되면 달걀을 3회로 나누어 넣고 전체가 섞일 때까지 믹싱한 후 적당량의 캐러멜을 넣어 착색한다.	
3	박력분 혼합	박력분 혼합은 체질한 박력분과 베이킹파우더를 넣고 나무 주걱으로 30회 정도 저어 가볍게 혼합한다.	
4	과일 혼합	과일 혼합은 과일 믹스를 넣고 나무 주걱으로 30회 정도 저어 잘 섞어 합친다.	
5	팬닝	팬닝은 틀에 80% 정도 반죽(510g)을 부어 넣고 윗면을 평평하게 한다.	
6	굽기	굽기는 오븐 온도 160~170℃에 넣고 1시간 정도 구워낸다.	
7	마무리	마무리는 틀에서 빼내고 윗면에 럼주를 붓으로 듬뿍 칠한다.	
8	보관	보관은 제품은 밀폐하여 1일간 놓아둔 후 다시 한번 럼주를 붓으로 칠해 듬뿍 적셔 잘라 나눈다.	

3. 마들렌(Madeleine)은 어떻게 되는가?

마들렌은 프랑스를 대표하는 과자로 버터케이크 반죽을 조개 모양에 넣어 구운 소형 과자이다.

1) 마들렌 반죽의 배합표(12개 분량)

순서	재료	배합 비율(%)	배합량(g)	확인
1	버터	100	180	
2	설탕	100	180	
3	달걀	90	160	
4	노른자	10	18	
5	박력분	100	180	
6	베이킹파우더	1.5	2.7	
7	레몬껍질	0.5(1/2개분)	9	
8	레몬즙	0.5(1/2개분)	9	
합계	-	402.5%	738.7g	

2) 마들렌을 만드는 순서는 어떻게 되는가?

마들렌을 만드는 순서는 팬 준비, 버터 녹이기, 달걀 거품 올리기, 레몬, 바닐라, 박력분, 버터 섞기, 반죽 휴지시키기, 틀에 짜기, 굽기이다.

순서	제조과정	마들렌을 만드는 순서	확인
1	팬 준비	팬 준비는 마들렌 팬에 녹인 버터를 칠하고 밀가루를 뿌려 털어낸다.	
2	버터 녹이기	버터 녹이기는 버터를 50~60℃ 정도로 녹인다.	
3	달걀 거품 올리기	달걀 거품 올리기는 달걀, 노른자에 설탕을 넣어 섞어준다.	
4	레몬, 바닐라 섞기	레몬, 바닐라 섞기는 달걀 액에 레몬 과피, 레몬 과즙, 바닐라, 양주를 넣고 섞는다.	
5	박력분 섞기	박력분 섞기는 박력분, 베이킹파우더를 함께 체질해 넣어 나무 주걱으로 30회 정도 저어 섞는다.	
6	버터 섞기	버터 섞기는 버터를 중탕하여 50℃ 정도로 녹인 버터를 넣고 나무 주걱으로 30회 정도 저어 섞는다.	
7	반죽 휴지시키기	반죽 휴지시키기는 반죽을 냉장고에 넣고 30분간 휴지시킨다.	
8	틀에 짜서 넣기	틀에 넣기는 틀에 반죽을 균일하게 80% 정도를 짜서 넣는다.	
9	굽기	굽기는 오븐 온도 170℃에서 20~25분간 구워낸다.	

4. 머핀케이크는 어떻게 되는가?

머핀케이크는 버터에 설탕, 달걀 순서로 넣고 거품 올려 밀가루, 베이킹파우더, 우유, 초콜릿 등을 섞어서 구워 만드는 것으로 미국에서 발달한 과자이다.

1) 머핀케이크 반죽의 배합표(16개분)

순서	재료	배합 비율(%)	배합량(g)	확인
1	버터	100	300	
2	설탕	80	240	
3	달걀	85	255	
4	박력분	90	270	
5	강력분	10	30	
6	베이킹파우더	2	6	
7	브랜디	5	15	
8	럼주	5	15	
9	바닐라 오일	0.5	1.5	
10	오렌지 필	5	15	
합계	-	382.5%	1,147.5g	

2) 머핀케이크를 만드는 순서는 어떻게 되는가?

머핀케이크를 만드는 순서는 팬 준비, 반죽 믹싱, 달걀 혼합, 박력분, 과일 혼합, 팬닝하기, 굽기, 마무리이다.

순서	제조과정	머핀케이크를 만드는 순서	확인
1	팬에 종이 깔기	팬에 종이 깔기는 머핀 틀에 종이를 깔아둔다.	
2	반죽 믹싱	반죽 믹싱은 버터(쇼트닝)에 설탕(흑설탕)을 믹서에 넣고 거품기를 사용하여 중고속으로 믹싱하여 거품을 올린다.	
3	달걀 혼합	달걀 혼합은 버터가 포마드 상태가 되면 달걀을 3회로 나누어 넣고 전체가 섞일 때까지 믹싱한 후 적당량의 캐러멜을 넣어 착색한다.	

4	박력분 혼합	박력분 혼합은 체질한 박력분과 베이킹파우더를 넣고 나무 주걱을 사용하여 30회 정도 저어 가볍게 혼합한다.	
5	과일 혼합	과일 혼합은 과일을 넣고 나무 주걱으로 잘 섞어 합친다.	
6	팬닝 하기	팬닝 하기는 짤 주머니에 반죽을 넣어 틀의 80% 정도(70~75g)를 짜서 넣고 윗면을 평평하게 한다.	
7	굽기	굽기는 오븐 온도 160~180℃에 넣고 25~30분 정도로 구워낸다.	
8	마무리하기	마무리하기는 틀에서 빼내고 윗면에 럼주를 붓으로 듬뿍 칠한다.	
9	보관하기	보관하기는 제품을 밀폐하여 1일간 놓아둔 후 다시 한번 럼주를 붓으로 칠해 듬뿍 적셔 준다.	

제**4**장

쿠키 반죽은 어떻게
되는가?

제**4**장
쿠키 반죽은 어떻게 되는가?
(비스킷, 쇼트 페이스트, Cookies,
영 · Biscuit, 프 · Four sec)

제1절 쿠키(Cookies) 반죽(비스킷, 쇼트 페이스트)의 정의와 역사는 어떻게 되는가?

1. 쿠키 반죽(비스킷, 쇼트 페이스트)의 정의와 역사는 어떻게 되는가?

쿠키의 정의는 수분의 함량이 5% 이하로 화학 팽창제를 사용하여 부풀린 건조 과자이다. 쿠키의 역사는 네덜란드어 코에케(작은 케이크)에서 파생되었다.

순서	제조과정	쿠키의 역사, 정의와 장단점	확인
1	쿠키(비스킷)의 역사	쿠키(비스킷)의 역사는 "2번 굽다"의 의미로 비스킷만에서 출항하는 선원들이 지니고 있었던 바삭바삭한 과자에서 시작되었다.	
		쿠키는 선원, 군대 휴대용, 보존을 위해 지방분을 적게 넣어 충분히 구운 것이다.	
2	쿠키의 어원	쿠키의 어원은 네덜란드어 쿠에케(koekje 작은 케이크)에서 나온 단어이다.	
3	쿠키(비스킷) 정의	쿠키의 정의는 수분의 함량이 5% 이하로 화학 팽창제, 이스트 발효를 이용하여 부풀린 건조 과자이다.	
		미국은 쿠키, 영국은 비스킷, 프랑스는 푸르세크, 독일은 케크라 부른다.	

		쿠키(비스킷, 쇼트 페이스트)의 반죽은 영국에서는 쿠키(비스킷)은 기본적인 타르트의 밑에 까는 반죽이다.
		프랑스어 타트는 타르트와 어원이 같은 단어로 원형의 밑부분에 쿠키 반죽을 깔고 필링하여 구운 과자를 말한다.
4	쿠키의 분류	쿠키의 분류는 제법에 따라 반죽형 쿠키, 거품형 쿠키, 냉동 쿠키로 분류된다.
		쿠키는 만드는 성형 방법에 따라 반죽을 늘리는 쿠키, 짜는 쿠키, 둥글게 만드는 쿠키로 나누어진다.
		쿠키의 분류는 배합에 따라 하드 쿠키(비스킷), 소프트 쿠키, 설탕 쿠키, 버터 쿠키, 꿀 쿠키, 치즈 쿠키 등이 있다.
		쿠키는 굽기를 2번씩 하는 라스크나 핑거쿠키는 밀가루를 사용하지 않고 넛류와 설탕, 달걀흰자로 만드는 마카롱과 같은 것이 있다.
5	쿠키(비스킷) 반죽의 장점	쿠키 반죽의 장점은 만들 때 크림법으로 부피가 큰 제품을 얻을 수 있으며, 제조 작업이 간단하고 마무리가 깨끗하며 많은 수량의 제조에 적당하다.
6	쿠키 반죽의 단점	쿠키 반죽의 단점은 반죽에 유지가 적은 배합이면 달걀이 분리하기 쉬우며, 밀가루를 넣은 후 혼입이 지나치면 글루텐이 과다하여 쿠키가 딱딱하게 만들어진다.

2. 쿠키 반죽의 종류는 무엇이 있는가?

쿠키 반죽의 종류는 짜는 쿠키, 밀어 펴서 틀로 찍어내는 쿠키, 냉동 쿠키(아이스 쿠키)가 3가지가 있다.

순서	쿠키 종류	쿠키 반죽의 종류	확인
1	짜는 쿠키	짜는 쿠키는 반죽을 짤 주머니에 넣고 짤 깍지를 사용하여 짜서 만든 쿠키이다.	
		짜는 쿠키의 장점은 작업이 빠르고, 작업성이 좋아 많은 쿠키를 만들 수 있으며, 종류는 드롭 쿠키, 스펀지 쿠키, 머랭 쿠키 등이 있다.	
		짜는 쿠키의 주의점 및 단점은 드롭형, 거품형 쿠키를 짤 주머니, 주입기로 일정하게 짜야 한다.	
		짜는 쿠키는 짜는 간격을 일정하게 하여 굽기 도중의 팽창률을 고려하며, 토핑물은 짠 후 바로 또는 껍질이 형성되기 전에 올려놓으며 젤리나, 잼은 소량 사용한다.	

2	밀어 펴는 쿠키	밀어 펴는 쿠키는 조금 딱딱한 쿠키 반죽을 만들어서, 작업대 위에서 이것을 얇게 늘려 펴서 이것을 적당한 틀로 찍어낸 쿠키이다.
		밀어 펴는 쿠키의 종류는 스냅 쿠키와 쇼트브레드 쿠키 등이 있다.
		스냅 쿠키(Snap)는 설탕과 당밀을 다량 배합하여 만든 반죽을 둥근 형틀로 찍어내어 구운 것으로 구운 후 밀대 등에 올려 오므라들게 하여 굽은 모양을 내기도 한다.
		밀어 펴는 쿠키는 배합재료에 따라 코코넛 스냅, 생강 스냅, 레몬 스냅이라 이름 붙인다.
3	찍는 쿠키	찍는 쿠키는 재료를 섞어 반죽하여 약 6cm 둥근 틀로 찍어내서 굽거나, 반죽을 바로 구부러지게 성형한다.
		찍는 쿠키는 반죽이 반죽이 부드러운 크림 상태가 되지 않도록 버터, 설탕, 마지팬을 섞고 여기에 밀가루 1/2를 넣고 섞은 뒤 나머지 밀가루를 천천히 섞어 1시간 뒤에 사용한다.
		찍는 쿠키는 반죽을 2cm 두께로 늘려 반죽은 균일한 두께로 밀어 펴야 하며, 철판에 얹어 구멍을 내고 180℃에서 굽는다.
		찍는 쿠키 반죽은 만든 후 밀어 펴기 전에 충분한 휴지를 시키며, 반죽을 밀어 펼 때는 과도한 덧가루 사용을 피한다.
		찍는 쿠키 반죽을 천, 면포 위에 덧가루를 뿌려 밀어 펴기를 하며, 성형 후 남은 쿠키 반죽은 소량씩 섞어 다시 사용한다.
4	냉동 쿠키	냉동 쿠키는 딱딱하게 반죽하여 이것을 적당한 형태로 늘려 성형하여 하룻밤 동안 실온, 냉장 냉동한 후 얇게 적당한 크기로 잘라 철판 위에 올려 구운 쿠키이다.
		냉동 쿠키는 진한 색상을 피하고, 반죽 전체에 고르게 분배시키며, 냉동 반죽은 썰기 전에 냉동시키고, 예리한 칼을 사용하여 모양을 만든다.
		냉동 쿠키 껍질 색이 골고루 나도록 오븐의 윗불 조정에 유의하며, 철판에 일정 모양, 크기, 간격을 일정하게 하여 굽는다.
		냉동 쿠키는 믹싱이 지나치면 쿠키가 딱딱해지며(글루텐 발전을 억제). 여러 가지로 모양을 낼 때는 모양을 만들기 전에 냉동시킨다.
		냉동 쿠키는 철판에 일정량의 기름칠을 하며(기름칠 과다: 퍼짐이 크다), 굽기 온도는 약 180~200℃ 온도에서 12~15분 동안 굽는다.

3. 쿠키의 퍼짐율 계산 공식은 어떻게 되는가?

순서	쿠키의 퍼짐율	쿠키의 퍼짐율 산출 공식	확인
1	쿠키의 퍼짐율 계산 공식	$\dfrac{\text{시험 제품의 쿠키의 평균 폭}}{\text{시험 제품의 쿠키의 평균 두께}} \times 100 =$ $\dfrac{\text{기준 제품의 평균 폭}}{\text{기준 제품의 평균 두께}} \times 100 =$ 쿠키의 퍼짐율	

4. 쿠키 만들기의 중요사항은 어떻게 되는가?

쿠키 만들기의 중요사항은 스펀지케이크와 달리 반죽을 혼합 후 반죽을 휴지시키는 공정이 중요하다.

순서	제조과정	쿠키 만들기 중요사항	확인
1	쿠키의 공정	쿠키의 공정은 혼합공정과 휴지공정이 있다.	
		쿠키의 혼합공정은 버터, 설탕, 달걀, 밀가루를 순서대로 섞는 공정이며, 휴지공정은 버터와 가루를 친숙하기 위한 휴지하는 시간이 길면 길수록 버터 풍미가 생긴 쿠키가 되기 때문이다.	
2	쿠키의 4대 재료	쿠키의 4대 재료는 버터, 설탕, 달걀, 박력분이다.	
3	쿠키 만들기 준비사항	쿠키 만들기의 준비사항은 버터와 달걀은 실온에서 준비하고 팬에 기름칠, 박력분 체질하기, 오븐은 작업을 시작하기 30분 전에 180℃로 예열해두는 것이다.	
4	쿠키 만들기 중요사항	쿠키 만들기 중요사항은 버터에 달걀은 나눠 넣으면서 저어 섞고 박력분에 글루텐이 생기지 않도록 혼합하는 것이다.	
		쿠키 반죽을 잘 휴지시켜 적당한 크기로 만들어 구워내는 것이다.	

5. 쿠키 만드는 법은 무엇이 있는가?

쿠키를 만드는 법은 크림법으로 만들며 공립 크림법, 별립 크림법 2가지가 있다.

순서	제조과정	쿠키를 만드는 순서	확인
1	공립 크림법 쿠키 제조법	공립 크림법은 유지(버터)에 설탕을 3회 나누어 넣고 충분히 휘핑한 후 달걀을 3~5회로 나누어 넣고 섞어 믹싱한다.	
		반죽에 바닐라 오일을 넣어 섞는다.	

		체질한 박력분을 넣고 나무 주걱으로 자르듯이 30회 정도를 저어서 전체를 균일하게 섞은 다음, 쿠키 반죽을 냉장고에 넣고 30분 정도 휴지시킨다.
		쿠키의 성형은 짤 깍지를 넣은 짤 주머니에 넣어 짜거나, 적당한 크기의 틀로 찍어내거나, 냉동 후 자르거나 한다.
		쿠키 반죽을 철판에 넓게 놓고 오븐 온도 180℃로 약 12분 전후로 구워낸다.
2	별립 크림법 쿠키 제조법	별립 크림법 쿠키 제조는 볼에 부드러운 버터를 넣고 설탕을 3회 나누어서 거품기로 저어 휘핑한 후 노른자를 조금씩 넣는다.
		다른 용기에 흰자와 설탕을 3회 나누어 넣고 하얗게 될 때까지 거품을 올린 머랭을 만든 다음, 바닐라 오일을 넣어 섞는다.
		체질한 밀가루를 넣고 나무 주걱으로 자르듯이 30회 정도 전체를 균일하게 혼합한 후 냉장고에서 반죽을 30분간 휴지시킨다.
		쿠키의 성형은 짤 깍지를 넣은 짤 주머니에 넣어 짜거나, 적당한 크기의 틀로 찍어내거나, 냉동 후 자르거나 한다.
		쿠키 반죽을 철판에 넓게 놓고, 오븐 온도 180℃에서 약 12분 전후에서 구워낸다.

6. 쿠키(비스킷)(쇼트 페이스트)의 배합은 어떻게 되는가?

쿠키(비스킷)의 기본 배합은 유지(버터), 설탕, 달걀, 박력분의 4가지이다.

순서	쿠키의 배합	쿠키의 배합량		확인
1	기본 쿠키 배합	박력분	100%	
		유지(버터)	50%	
		설탕	50%	
		달걀(수분)	30%	
2	독일 쿠키 배합	박력분	100%	
		유지(버터)	75%	
		설탕	50%	
		달걀(수분)	30%	

1) 쿠키 반죽의 배합표

순서	재료	배합 비율(%)	배합량(g)	확인
1	버터	100	450	
2	설탕	100	450	
3	달걀	100	450	
4	박력분	100	450	
5	바닐라	0.5	2.25	
6	양주	2	9	
합계	-	402.5%	1,811.25g	

제2절 쿠키(비스킷) 재료의 역할은 어떻게 되는가?

1. 쿠키(비스킷) 재료의 역할은 어떻게 되는가?

쿠키의 주재료는 박력분, 버터, 설탕, 달걀, 물이 주재료이며, 전분, 코코아, 초콜릿, 넛류, 향료, 팽창제, 소금의 부재료가 있다.

순서	재료명	쿠키의 재료의 역할	확인
1	박력분	박력분은 물을 넣어 반죽을 페이스트 상으로 뭉쳐서 성형하여 박력분 중의 전분을 알파화시켜 식감을 좋게 한다.	
		박력분은 글루텐을 형성시켜 제품 형성과 좋은 쇼트네트성을 얻게 한다.	
2	달걀	달걀은 거품을 올려 반죽 안에 많은 기포를 형성시켜 부드러움을 준다.	
3	설탕	설탕은 단맛을 주며 기포 안정, 전분 노화 방지, 제품의 색깔을 내게 한다.	
4	유지 (버터)	유지는 박력분의 흡수성을 적게 하고 글루텐 형성을 억제하여, 일정한 경도의 쿠키(비스킷) 반죽을 만들며 수분의 양이 적은 것이 좋다.	
5	전분	전분은 반죽에 부드러움을 주기 위해 박력분의 12%까지를 바꾸어 넣는다.	
6	코코아	코코아는 초콜릿 맛을 부여하며 박력분의 20~30%를 넣어서 사용한다.	
7	초콜릿	초콜릿은 초콜릿 맛을 내며 10~30% 정도를 녹여서 넣는다.	
8	넛류	넛류는 풍미를 부여하며 아몬드 분말, 슬라이스가 제일 많이 사용한다.	
9	향료	향료(바닐라)는 달걀의 비린 맛을 제거하며 온화한 맛을 내게 한다.	
10	팽창제	팽창제는 쿠키 반죽을 팽창시키기 위해 사용하며, 베이킹파우더 2%, 베이킹소다 1%, 암모니아 0.5%를 정도 넣어 사용한다.	
		팽창제는 반죽의 불의 통함을 좋게 하여 제품이 바삭거리는 식감, 팽창을 좋게 한다.	
11	물 (우유)	물은 재료를 녹이고 박력분 성분인 전분질, 단백질이 반죽을 만든다.	
		물은 박력분, 전분 질의 형태를 변화시키고 불의 통함을 좋게 한다.	
12	소금	소금은 쿠키에 짠맛을 주며 글루텐을 강하게 한다.	

2. 쿠키(비스킷)의 원재료 비율은 어떻게 되는가?

쿠키의 원재료는 박력분, 버터, 달걀, 설탕이다. 원재료의 비율은 박력분은 100%이며, 쿠키(비스킷) 반죽으로 뭉치게 하기 위한 필요한 수분량은 박력분의 50~60% 양이다. 이 숫자는 밀가루의 종류, 즉 흡수율에 따라서 변한다.

유지는 30~60%로 쿠키(페이스트) 반죽에 유지를 넣는 것에 의해 쿠키(비스킷) 반죽이 만들어지며 유지가 많이 들어갈수록 반죽의 쇼트닝성을 증대시켜 수분량을 줄인다.

달걀은 30~50%로 반죽의 물성과 수분량을 조절하는 역할을 한다.

설탕은 30~50%로 단맛을 주며, 껍질의 색깔을 내며 쿠키의 보존성을 좋게 한다.

3. 재료 변화에 의한 쿠키(비스킷) 반죽은 어떻게 변하는가?

재료 변화에 의한 쿠키 반죽의 변화는 박력분의 사용량이 늘어나면 반죽이 딱딱해지고, 달걀을 늘리면 반죽이 부드럽고 짜기 쉽고, 설탕을 늘리면 제품이 부드럽고 기포가 안정되며, 유지를 늘리면 쇼트네성과 부드러움이 증가하며, 전분과 물은 반죽의 부드러움, 소금과 향료는 짠맛과 쓴맛이 증가하며, 팽창제는 반죽을 팽창하게 만든다.

순서	재료의 변화	재료 변화에 의한 반죽의 변화	확인
1	박력분의 사용량을 늘린다.	박력분 사용량을 늘리면 쿠키의 모양을 일정하게 하며 쇼트네성이 좋아지며 찍는 쿠키의 성형이 쉽게 된다.	
		쿠키의 맛이 떨어지며 딱딱한 쿠키가 만들어진다.	
2	달걀의 사용량을 늘린다.	달걀 사용량을 늘리면 반죽을 부드럽고 짜기는 쉬우며 맛과 영양이 증대시키며, 황색을 내게 하여 식욕을 촉진 시킨다.	
		달걀은 반죽 모양, 제품이 부서지기 쉽게 한다.	
3	설탕량을 늘린다.	설탕량을 늘리면 단맛과 제품이 부드럽게 되고, 기포 안정이 된다.	
		설탕은 유지처럼 글루텐의 형성을 억제하며, 기포형성을 방해하고 제품 색깔이 빨리 난다.	
4	유지에 변화를 준다. (버터→쇼트닝 사용)	유지에 변화를 주면 쿠키 반죽은 풍미를 좋게 하는 버터를 사용하지만 버터 대신으로 쇼트닝을 사용하면 쇼	

		트닝은 풍미가 없으나 쇼트네트성이 뛰어나고 상온에서 작업하기 쉽고, 유화성이 우수하다.
	유지 사용량을 늘린다.	유지의 사용량을 늘리면 버터는 풍미가 좋은 유지로 사용량을 늘리면 좋은 풍미를 지닌 좋은 제품을 만들 수 있다.
5	전분 사용량을 늘린다.	전분 사용량을 늘리면 반죽이 부드럽게 되며, 반죽의 끈기가 부족하여 부풀음과 질감이 연하게 된다.
6	향료(바닐라) 사용량을 늘린다.	향료(바닐라) 사용량을 늘리면 쓴맛이 나게 되며 바닐라는 달걀 비린 맛을 중화시킨다.
7	팽창제를 늘린다.	팽창제를 늘리면 반죽의 팽창이 지나쳐 반죽이 터져 모양이 나빠지며, 제품이 터지고 부슬거리는 식감을 낸다.
8	물을 우유로 바꾸어 첨가한다.	물을 우유로 바꾸면 쿠키 반죽을 구울 때 좋은 구운 색을 내게 하는데 우유 중의 수분은 약 88~90%이고 나머지가 단백질, 지방 및 당질 즉 유당이 색깔을 내기 때문이다.
9	소금을 늘린다.	소금을 늘리면 짠맛이 많이 나고 글루텐을 강하게 하여 딱딱한 쿠키반죽이 만들어진다.

4. 쿠키(비스킷) 반죽의 종류는 무엇이 있는가?

쿠키 반죽의 종류는 반죽형 쿠키와 거품형 쿠키 2가지가 있다.

순서	쿠키 종류	쿠키 반죽의 종류	확인
1	반죽형 쿠키	반죽형 쿠키는 재료 혼합에 수분량이 많은 상태의 반죽을 말한다.	
		짜는 쿠키(드롭 쿠키)는 달걀 사용량이 많아 반죽형 쿠키 중 수분량이 제일 많은 부드러운 쿠키, 소프트 쿠키라고도 한다.	
		밀어펴는 쿠키(스냅 쿠키)는 드롭 쿠키보다 달걀 사용량이 적은 쿠키로 바삭바삭한 상태로 저장 보관이 가능하고 슈가 쿠키라고 한다.	
		쇼트 브레드 쿠키(밀어펴는 쿠키)는 스냅 쿠키와 비슷하나, 쇼트닝(유지)의 사용량이 많은 쿠키이다.	
2	거품형 쿠키	거품형 쿠키는 스펀지 쿠키, 머랭 쿠키가 있으며, 스펀지 쿠키(짜는 쿠키)는 거품 올려 만든 스펀지 쿠키 반죽을 철판에 짜서 모양을 유지하도록 실온에서 말린 다음 구워내는 거품형 쿠키이다.	
		머랭 쿠키(짜는 쿠키)는 달걀흰자를 설탕과 믹싱하여 거품 올린 반죽을 짜서 굽는 거품형 쿠키로 종류는 냉제 머랭, 온제 머랭, 이탈리안 머랭 쿠키가 있다	

5. 쿠키(비스킷) 반죽의 제법은 무엇이 있는가?

쿠키(비스킷) 반죽의 제법은 크림법, 손으로 문질러 만드는 법, 블랜딩법 등 3가지가 있다. 각각의 제법은 장점과 단점이 있으며, 제품에 따라 효과적인 제법을 선택할 필요가 있다.

1) 쿠키 반죽을 만드는 방법 3가지는 어떻게 되는가?

쿠키를 만드는 방법은 크림법, 손으로 문질러 만드는 법, 블랜딩법 3가지가 있다.

순서	제조과정	쿠키 반죽을 만드는 순서	확인
1	크림법 (슈가 버터법)	크림법은 유지에 설탕을 3회 나누어 넣고 하얗게 될 때까지 저어서 거품 올리고 달걀을 3회 나누어 넣고 거품 올리고 박력분을 나무 주걱으로 30회 정도 섞어 만드는 제법이다.	
		크림법의 장점은 작업성이 좋으며 공기를 포집하므로 제품의 부풀음이 좋게 되며 입안 식감이 좋으나, 설탕의 배합량이 적은 비스킷 반죽은 장점은 충분히 살릴 수 없다.	
2	손으로 문질러 만드는 법	손으로 문질러 만드는 법은 박력분에 유지를 넣고 손으로 문질러서 부슬거리는 상태로 한 후 다른 재료를 넣어 반죽을 뭉친다.	
		장점은 유지의 가루는 입자 주위에 박력분이 붙어 그 밀가루가 수분을 흡수하여 반죽의 구조가 되므로 밀가루와 수분 부분과 유지의 부분이 반죽 중에 분산하여 존재하게 된다.	
		반죽을 정형하여 구울 때는 박력분 부분과 유지의 부분과의 층이 형성되어 부풀음이 좋으며 바삭거리는 식감을 얻을 수 있다.	
		단점은 박력분이 유지의 외측에 붙어 있으므로 수분과 박력분이 직접 연결되어 글루텐이 나오기 쉽다.	
		수분을 넣은 후에는 반죽을 너무 이기지 않도록 주의할 필요가 있다.	
3	블랜딩법 (플라워 버터법)	블랜딩법은 유지와 동량의 박력분을 넣어 부드러운 크림 상태가 될 때까지 섞어 합쳐 다시 남은 박력분이 다른 재료를 넣고 반죽을 뭉쳐 만드는 방법이다.	
		블랜딩법의 장점은 박력분과 유지가 완전히 섞이기 때문에 나중에 수분을 넣었을 때 글루텐을 형성하기 어렵고 최대한 쇼트네트성을 얻을 수 있으나, 너무 이긴 반죽의 고화가 적고 기계 믹싱에 적합하다.	
		블랜딩법의 단점은 박력분과 유지를 크림상으로 만들기 때문에 박력분에 대하여 유지량이 증가하면 할수록 반죽이 부드럽게 되고 수분의 첨가량은 적게 된다.	
		블랜딩법은 글루텐이 발달이 억제되어 구운 제품이 너무 부풀지 않을 가능성이 있다.	

6. 쿠키(비스킷) 반죽의 굽기 방법은 어떻게 되는가?

쿠키 반죽의 굽기 방법은 170~180℃의 오븐에 넣어 12~15분의 짧은 시간에 굽는 것이 기본이다. 쿠키는 오븐 안에서 굽기 중에 여러 가지 물리적 변화가 일어난다.

순서	제조과정	쿠키의 굽기 중 물리적, 내부와 외부적 변화	확인
1	쿠키(비스킷)의 굽기 중 물리적 변화	쿠키의 굽기 중 물리적 변화는 반죽의 수분이 증발하며, 박력분의 전분이 알파화 되며, 달걀이 열 응고한다.	
		쿠키의 굽기 중 물리적 변화는 유지(버터)가 녹아 조직이 변하며, 설탕이 녹고 다시 캐러멜화된다.	
2	쿠키(비스킷)의 외부 내부의 변화	쿠키의 오븐 내부의 변화는 오븐 온도가 높으면 내부의 변화가 일어나기 전에 외측이 타며, 굽는 시간이 너무 길면 녹은 유지가 반죽 바깥에 흘러나오게 된다.	
		쿠키의 오븐 내부의 변화는 수분이 적은 비스킷 반죽은 온도가 낮고 굽는 시간이 걸리면 반죽 중에 수분이 증발하여 밀가루 전분이 충분히 알파화되지 않고 생 박력분 가루가 남게 구워진다.	
		쿠키의 오븐 내부의 변화는 설탕의 배합량이 많은 쿠키 반죽은 타기 쉬우므로 성형할 때 얇게 성형하여 짧은 시간에 굽도록 하며, 설탕이 들어가지 않는 쿠키 반죽은 두껍게 성형하여 촉촉하게 구워내는 것이 좋다.	

(1) 쇼트 브레드(찍는 쿠키, Short bread 프, sable)는 어떻게 되는가?

쇼트 브레드 쿠키는 버터, 설탕, 밀가루로 만든 반죽을 1cm 두께로 늘리고 밀어 펴서 틀로 찍어 구운 것으로 바삭바삭한 맛이 특징이다. 아몬드 분말, 넛류, 마지팬을 섞어 만들기도 한다.

순서	재료	배합 비율(%)	배합량(g)	확인
1	박력분	100	100	
2	버터	50	50	
3	설탕	25	25	
4	달걀	20	20	
5	소금	1	1	
6	바닐라 오일	0.5	0.5	
합계	-	196.5%	196.5g	

제**5**장

슈(프 · Pate a Chou,
영 · Cream)는 어떻게
되는가?

제5장

슈(프 · Pate a Chou, 영 · Cream)는 어떻게 되는가?

제1절 슈(Chou)는 어떻게 되는가?

1. 슈의 정의는 어떻게 되는가?

슈의 정의는 구운 후 부풀어 오른 슈 껍질의 형태가 "양배추"를 닮아 붙여진 이름으로 슈 반죽을 프랑스어로 파트 · 아 · 슈(Pate a Chou)라고 부른다.

2. 슈의 종류는 어떻게 되는가?

슈의 종류는 반죽의 과정에서 밀가루의 전분을 완전히 알파화한 것으로 반죽은 한 가지이다. 반죽 성형에 따라 슈, 에클레어, 스완, 파리 프레스토, 추로스 등 여러 가지 종류가 있다.

순서	제조과정	슈의 정의와 종류	확인
1	슈의 정의	슈의 정의는 대중적인 과자로 종류도 다양하며, 반죽의 변화나 형태의 내용물과 다른 반죽과 조합 등을 할 수 있다.	
		슈는 반죽의 과정에서 박력분의 전분을 완전히 알파화 하는 것이 다른 과자와 다른 제법이다.	

2	슈의 종류	슈의 종류는 슈, 에클레르, 스완, 파리 프레스토, 추로스 등이 있다.	
		슈의 종류는 반죽을 평평하게 구워 타르트 등 자르는 과자에 사용하거나 베니에 같은 튀김 과자에 사용하거나 뇻기와 같이 삶아서 요리처럼 내기도 하는 등 여러 가지 처리의 방법이 있다.	
3	슈의 팽창	슈의 팽창은 기본적으로는 오븐 안에서 공간이 생기도록 구워 안에 내용물을 짜 넣기에 부피를 만드는 것은 슈에 있어 중요하다.	
		슈의 팽창은 굽기 중의 수증기의 힘으로 부풀어지는데, 이것은 고무풍선을 부풀리는 것과 비슷하며, 풍선처럼 반죽이 수증기에 의해 팽창하기 때문에 탄력성과 점성이 뛰어날 필요가 있고, 그것을 얻기 위해서 밀가루의 전분을 알파화 시키는 것이 중요하다.	
		슈의 팽창은 부풀어진 슈 반죽의 내부는 완전히 기밀 상태가 되지 않으므로 발생한 증기는 외부로 빠져나가 버리고, 슈 반죽이 식으면 수증기도 식어 물로 되돌아가므로 공기를 뺀 풍선처럼 슈가 수축하게 된다.	
		슈의 수축을 방지하는 것이 박력분의 단백질(글루텐)과 달걀의 안의 단백질의 열 응고이다.	
4	슈의 굽기	슈의 굽기는 충분히 불을 통하여 단백질의 열 응고를 완전히 하는 것이 중요하고 그렇게 하지 않으면 오븐에서 꺼낸 후 납작하게 수축해 버린다.	
		슈의 굽기는 슈 반죽은 불을 완전히 통하는 것은 반죽 안의 수분을 될 수 있는 한 증발시키는 의미에서도 필요하다.	
		슈의 굽기는 습기를 많이 포함한 슈는 굽는 시간이 지나치면 딱딱하게 되어 맛도 나쁘게 되며, 유럽의 슈는 바삭하게 굽고, 동양의 슈는 부드럽게 굽는다.	
		슈는 좋은 재료를 사용해 잘 만드는 것이 중요하며, 각각 좋아하는 취향에 맞추어 제품을 만들면 좋다.	

3. 슈 반죽의 기본 재료와 배합은 어떻게 되는가?

슈 반죽에 사용되는 기본 재료는 물, 버터(유지), 박력분, 달걀의 4가지이다.

부재료는 소금, 설탕, 조미료를 넣어 맛을 좋게 하며 물 대신, 우유, 와인을 사용한다.

4. 슈 반죽 재료의 역할은 어떻게 되는가?

슈 반죽의 물과 우유는 전분의 알파화, 유지는 글루텐 형성 방해, 박력분은 제품의 형태와 식감, 달걀은 풍미와 부드러움을 주며, 설탕은 단맛과 색깔, 양주는 풍미, 팽창제는 팽창, 넛류와 치즈의 역할은 맛을 향상시킨다.

순서	재료명	슈 반죽 재료의 역할	확인
1	물	물은 슈 반죽의 박력분 전분을 알파화 시키며, 반죽 중에 유지를 골고루 분산, 굽는 중에 증기가 되어 반죽을 팽창시키는 3가지 역할을 한다.	
		물은 반죽 중에 유지를 골고루 분산시키며, 굽는 중에 증기가 되어 반죽을 팽창시킨다.	
		물은 달걀과 함께 수증기를 발생시키는데 액체는 기화하는 것에 의해 팽창하여 체적이 늘어나서 슈 반죽을 안에서 들어 올리는 힘이 된다.	
2	우유 (생크림)	우유는 물 대신 사용하여 풍미가 좋게 되고 영양가를 높게 한다.	
		우유는 물보다 구운 색을 좋게 하는데 우유에 들어있는 유당의 활동에 의한 것이다.	
3	유지 (버터)	유지는 슈 반죽에 유지의 제일 중요한 역할은 박력분 중의 글루텐 형성을 방지한다.	
		유지는 글루텐 형성을 방해하는데 글루텐은 구운 슈의 형태를 유지하는 필수적 요소지만, 제품을 나쁘게 하는 원인이 되기도 한다.	
		글루텐이 충분히 형성된 슈 반죽은 끈기가 생겨 잘 부풀지 않고 딱딱하게 된다.	
		유지는 글루텐 형성을 방지하고 쇼트네트성을 효과적으로 나타내는 역할을 하므로 물과 함께 끓여 잘 녹여두는 것이 바람직하다.	
		유지는 여러 가지 종류가 있으며, 크림성, 고형성이 요구되지 않아 버터, 라드, 식용유로 슈 반죽을 만들 수 있으나, 버터가 제일 좋다.	
4	박력분	박력분은 제품에 형태를 만들며, 먹었을 때 입안의 촉촉한 식감을 주며 전분과 단백질의 움직임에 의하며 반드시 덩어리가 남지 않도록 체질하여 사용하는 것이 좋다.	
		박력분의 전분은 수분과 열이 추가되어 알파화되고 호화상태가 되며 그물구조로 만들고 끈기가 있는 상태가 된다.	
		박력분과 강력분을 혼합해 사용해도 좋으며, 유지 사용량이 많으면 글루텐을 억제하는 힘이 강해지므로 글루텐이 많은 강력분을 사용하며, 유지 사용량이 적으면 박력분을 사용하는 등 적절하게 변화시키는 것이 좋다.	
5	달걀	달걀은 전란을 사용하며 역할은 풍미를 좋게 하는 것과 함께 반죽의 딱딱함을 조절하여 부드럽게 한다.	
		달걀은 굽기 중에 수분을 발산시켜 부풀은 슈의 형태를 밀가루와 함께 만들어지게 한다.	
		달걀은 배합에 적당한 양을 사용하며 반죽이 딱딱한 경우에 조절용으로 남은 흰자를 사용하는 것이 좋다.	
6	설탕	설탕은 슈 반죽에 단맛을 내기 위한 목적보다는 좋은 구움 색깔을 내기 위해서이며, 설탕 배합량은 박력분 사용량의 5~10% 정도가 좋다.	

7	양주	양주는 고급 슈 반죽을 만들기 위해 첨가하며, 와인이 일반적이지만, 다른 양주를 사용해도 좋으며 첨가량만큼 물을 줄여서 사용한다.	
		양주의 알코올 성분은 굽기 중에 증발해 버리므로 풍미용이며, 질이 좋은 양주를 사용한다.	
8	팽창제	팽창제는 슈의 부피를 팽창제를 첨가하여 반죽을 팽창시키는 작용을 하며, 베이킹파우더는 0.5% 정도 사용하며 암모니아 냄새가 반죽에 옮겨지지 않을 정도의 미량을 사용하는 것이 좋으며 사용 방법은 베이킹파우더와 같다.	
9	전분	전분을 박력분의 적당량을 바꾸는데, 전분 사용 목적은 박력분 중의 글루텐을 줄이기 위한 것으로 유지의 배합량이 많은 것은 사용할 필요는 없다.	
		전분 첨가량도 박력분에 대해 몇 %라고 정해진 수치는 없고, 전체의 배합이나 반죽 상태를 보면서 사용하는 것이 좋다.	
10	넛류	넛류, 누가 크로캉, 마지팬, 프랄리네 등이나 초콜릿, 커피의 맛이 들어간 슈도 있다.	
		넛류는 기본 배합으로 슈 반죽을 만들고 최후에 위의 재료를 넣어 혼합하며, 반죽의 딱딱함을 조정할 필요가 있으면 달걀을 적당량 추가한다.	
11	치즈	치즈는 소금 맛 치즈 제품의 경질, 또는 반경질 치즈가 좋으며, 적당한 크기로 분쇄하여 반죽에 넣으며, 치즈가 들어간 슈는 너무 많이 구우면 타서 풍미가 떨어진다.	

5. 슈 반죽의 배합표

순서	재료	배합 비율(%)	배합량(g)	확인
1	물(우유, 와인)	100	100	
2	버터	85	85	
3	박력분	85	85	
4	달걀	120	120	
5	소금	1	1	
합계	-	391%	391g	

6. 슈 반죽을 만드는 순서는 어떻게 되는가?

슈 반죽을 만드는 순서는 물에 버터 녹이기, 박력분의 알파화, 달걀 혼합, 반죽 짜기, 물뿌리기, 굽기가 있다. 슈 만들기는 반죽 팽창과 굽기가 중요하다.

순서	제조과정	슈 반죽을 만드는 순서	확인
1	물에 버터, 소금 녹이기	냄비에 물에, 버터, 소금을 넣고 불에 올려 끓여 유지를 완전히 녹이며, 슈 반죽을 만드는 법은 기본적으로 한 가지이다.	
2	박력분 알파화	박력분의 알파화는 물에 버터가 녹으면 불에 올린 채로 박력분을 넣고 나무 주걱으로 빠르게 저어 박력분 안의 전분이 완전히 알파화될 때까지 30초~1분 정도 저어서 이긴다.	
		박력분의 알파화의 기준은 반죽이 냄비의 밑부분에 부착하지 않으면 좋은데, 그것만으로는 반죽의 내부가 알파화되지 않고 남는 경우가 있으므로 다시 잠시 불에 올려 완전히 알파화 시킨다.	
3	달걀 혼합	달걀 혼합은 반죽을 불에서 내리면 바로 적당량의 달걀을 넣고 나무 주걱으로 빠르게 섞어준다.	
		달걀은 한 개씩 넣어가면서 잘 섞는데, 너무 시간을 소비하면 달걀에 들어있는 단백질이 응고하므로, 작업은 될 수 있는 한 빠르게 저어야 한다.	
		달걀이 삶아질 경우가 있으므로 반죽이 조금 식었을 때 넣도록 할 때도 있으나, 알파화된 박력분 전분은 반죽이 식으면 베타 전분으로 다시 돌아간다(전분의 노화라고 함).	
4	슈 반죽 짜기	슈 반죽 짜기는 반죽이 뜨거울 때 달걀을 섞고 바로 짜서 바로 굽는 것이 철칙인 기술이다.	
		슈 반죽의 딱딱함의 판단, 즉 달걀을 넣고 안 넣고의 판단은 많은 경험을 기초로 결정해야 한다.	
		슈 반죽의 짜기는 짤 주머니에 넣어 짤 경우에 나무 주걱으로 반죽을 들어 올렸을 때 걸쭉하게 흘러내리는 정도의 딱딱함이 기준으로 되어 있다.	
		슈 반죽 짜기는 둥근 1cm 짤 깍지를 넣은 짤 주머니에 넣는데, 짤 깍지의 크기는 만드는 과자 크기, 종류에 따라 사용한다.	
		슈 반죽 짜기는 철판 1~2cm 높이에서 직선으로 직경 4~5cm의 둥근 형태로 짜며 철판은 유지를 칠한 것으로 간격을 충분하게 짠다.	
5	반죽 물뿌리기	반죽 물뿌리기는 굽기 전에 철판 슈 반죽의 표면에 분무기로 물을 골고루 뿌려준다.	
6	슈 굽기	슈 굽기는 오븐 온도 200℃ 정도의 뜨거운 오븐에 넣고 10분 정도 굽고 다시 온도를 180℃로 내려 약 25분 정도로 굽고 불을 끄고 건조 굽기를 2~3분간 굽는다.	
		슈 굽기 시 절대로 오븐 문을 열면 안되는데 열면 찬공기가 들어가서 팽창한 슈가 꺼져 다시 부풀어 오르지 않아 실패하게 되기 때문이다.	

7. 슈 반죽을 만드는 순서는 어떻게 되는가?

슈의 재료 배합, 박력분 체질하기, 유지 녹이기, 박력분 호화, 달걀 혼합, 굽기의 요점이 있다.

순서	제조과정	슈 반죽을 만드는 순서	확인
1	재료 배합	재료 배합은 정확하게 계량한다.	
2	체질하기	체질하기는 박력분 등 가루류를 꼭 체질해야 한다.	
3	실온 달걀	달걀은 실온 상태의 것을 반드시 사용한다.	
		실온 달걀이 아닌 냉장고에 들어있던 달걀은 차기 때문에 반죽 온도를 낮게 하므로 좋지 않아 슈를 실패하게 된다.	
4	적당한 냄비 크기	적당한 크기의 냄비를 선택하여 슈 반죽의 배합량에 맞는 크기의 것을 사용하는 것이 슈 반죽을 실패하지 않는다.	
5	유지(버터) 녹이기	유지 녹이기는 물을 버터, 소금과 함께 완전히 녹여야 한다.	
6	박력분 호화	박력분의 호화를 위해 버터를 녹인 물에 불의 조절한 후 박력분의 혼합하여 나무 주걱으로 잘 저어준다.	
		박력분의 재호화는 반죽이 손 냄비에서 타지 않도록 충분히 주의해 혼합하여 충분히 호화(알파화)시킨다.	
7	달걀 혼합	달걀 혼합은 흰자가 응고되지 않도록 빠르게 저어 1~2개씩 혼합한다.	
		마지막 달걀 혼합은 반죽의 물성 상태를 보면서 달걀 첨가량을 적절하게 잘 조절해야 한다.	
8	반죽 상태	반죽 상태가 딱딱하면 실패하고 너무 묽어도 실패한 슈가 되므로 반죽의 상태에 충분히 주의한다.	
9	굽기 철판	굽는 철판은 슈 전용을 사용하거나, 기름칠을 적당하게 한 철판을 사용한다.	
10	굽기	굽기는 짠 슈 반죽을 200℃ 오븐에 넣은 후의 다이얼 조절은 윗불을 180℃ 정도로 약하게 하고 밑불은 200℃로 강하게 한다.	
		굽기 중 슈 반죽이 충분히 팽창해서 표면에 균열이 생기면 밑불을 160℃ 정도로 약하게 하고 윗불을 강하게 한다.	
		슈가 구워지면 다이얼을 끄고 그대로 오븐에 넣어둔 상태로 2~3분 정도 둔다(건조 굽기).	
		굽기 중 오븐의 문을 열면 실내의 찬 공기가 오븐 안으로 들어가 온도가 낮아져 팽창하고 있는 반죽이 수축해서 제품이 팽창되지 않는다.	

8. 슈 반죽의 굽기 방법은 어떻게 되는가?

슈 반죽의 굽기 방법은 전용 철판 사용, 철판 기름칠, 오븐의 변화와 온도, 습도, 불 조절이 필요하다.

순서	제조과정	슈 반죽의 굽기 방법	확인
1	전용 철판 사용	슈 전용 철판을 사용하여 슈 반죽은 만들어지면 차게 식기 전에 짜서 굽는다.	
2	철판 버터 칠	슈 철판은 버터 등의 유지를 칠해두는데, 이것은 두껍게 칠할 필요가 없으며 칠했는지 안 칠했는지 모를 정도로 칠하면 충분하며 너무 많이 칠해도 구운 슈 밑이 들어 올려져 버린다.	
		버터를 얇게 칠한 후 잘 건조시켜 전분을 뿌리고 여분의 전분을 철판에서 없앤 후 반죽을 짜서 구우면 밑부분이 들어 올려지는 것은 방지할 수 있다.	
3	오븐 변화	오븐 변화는 슈 반죽을 오븐에 굽고 있을 때 일어나는 현상으로 반죽의 표면에 열이 전해져 얇은 막을 만든다.	
		오븐 변화는 슈 반죽의 외측에서 내측을 향해 열이 전해져가고 수분의 증발이 시작된다.	
		슈 반죽에서 발생한 수증기는 반죽의 밖으로 날아가 버려 반죽의 내측에서 들어 올려진다.	
		수증기의 양이 증가하므로 반죽이 풍선처럼 부풀어진다.	
		달걀의 응고가 진행되고 밀가루 단백질과 전분이 고화되어 팽창된 슈의 형태를 유지할 수 있게 된다.	
		오븐 변화는 최종적으로는 수분이 증발하고 표면이 구워져 건조해 속까지 완전히 불이 통한 슈 반죽은 팽창을 멈춰 공간이 된 상태로 안정된다.	
4	오븐 온도	오븐 온도는 상당히 높은 온도인 230℃ 정도에서 슈 반죽을 굽기 시작해 충분히 팽창하면 160℃로 내리고 건조 굽기를 한다.	
5	오븐 내 습도	오븐 내의 습도가 중요하며, 굽기 중의 슈 반죽은 표면이 건조하여 딱딱하게 되면 그 이상 표면이 팽창하지 않으므로 슈를 구울 때는 표면의 건조를 어떻게 늦추어 볼륨을 내느냐 하는 것이 주요 요인이 된다.	
		최초 부풀 때까지는 반죽이 잘 팽창해 부풀기 쉽도록 습도가 높은 것이 좋기에 수분 85% 정도 되도록 조절한다.	
		다음으로 건조 굽기할 때는 반대로 습도를 내린다.	

6	오븐 불 조절	오븐 불의 조절은 구울 때 밑불은 강하게 하고 윗불은 약하게 한다.	
		윗불을 강하게 하면 윗부분이 빨리 구워지게 되므로 반죽이 옆으로 퍼지고 위가 평평한 항공모함 같은 슈가 되어 버리게 된다.	
		건조 굽기는 반대로 윗불은 강하게 하고 밑불은 약하게 하며 건조 굽기는 수분을 증발시켜 풍미를 좋게 하기 위한 것이다.	
		배합 중에 버터양이 많으면 건조 굽기를 할 필요가 없다.	

9. 슈 반죽의 여러 가지 응용 제품은 어떻게 되는가?

슈 반죽은 구워서 크림, 필링의 변화에 따라 요리도 응용할 수 있다. 슈 반죽의 응용 제품은 에클레어, 베니에, 튀김슈 등이 있다.

1) 에클레어(영 · Eclair, 프 · Eclair, 독 · Blitzkuchen) 정의는 어떻게 되는가?

에클레어는 프랑스의 대중적인 과자로 "번개"의 의미로 윗면에 칠하는 펀던트가 번개처럼 번쩍거리고 갈라져 있다고 붙여진 이름이다. 슈 반죽을 가늘고 길게 짜서 구워 안에 초콜릿, 커피 맛과 향을 넣은 커스터드 크림 또는 커피 펀던트를 칠한다.

2) 에클레어 반죽의 배합표 A

순서	재료	배합 비율(%)	배합량(g)	확인
1	물(우유, 와인)	100	100	
2	버터	50	50	
3	소금	1	1	
4	박력분	100	100	
5	달걀	125	125	
합계	-	376%	376g	

3) 에클레어 크림 반죽의 배합표 B

순서	재료	배합 비율(%)	배합량(g)	확인
1	우유	100	100	
2	설탕	25	25	
3	노른자	20	20	
4	박력분	7	7	
5	전분	5	5	
6	코코아파우더	5	5	
7	바닐라 에센스	0.5	0.5	
8	브랜디	15	15	
9	생크림	50	50	
합계	-	227.5%	227.5g	

4) 에클레어를 만드는 순서는 어떻게 되는가?

에클레어를 만드는 순서는 반죽 만들기, 반죽 짜기, 굽기, 크림 만들기, 마무리가 있다.

순서	제조과정	에클레어 반죽 만들기 순서	확인
1	에클레어 반죽을 만든다.	에클레어 반죽 만들기는 냄비에 유지, 물, 소금을 넣고 끓인다.	
		끓인 물에 박력분을 한꺼번에 넣고 나무 주걱으로 빠르게 저어 섞고 다시 불에 올려 슈 반죽을 30초~1분 정도 재호화를 시킨다.	
		에클레어 반죽에 전란을 1~2개씩 여러 차례 넣고 나무 주걱으로 빠르게 저어 혼합한다.	
		에클레어 반죽의 상태를 잘 확인하고 조금 딱딱하게 만든다.	
2	에클레어 짜기	에클레어 짜기는 짤 주머니에 둥근 깍지 NO 12를 넣어 길이 8~10cm의 막대 모양으로 20~25cm 크기로 짠다.	
3	에클레어 굽기	에클레어 굽기는 오븐 온도 200℃에서 20~30분간 구워낸다.	
4	초콜릿 크림 만들기	초콜릿 크림 만들기는 우유가 끓기 직전인 80℃까지 끓인다.	
		소량의 우유에 노른자, 설탕, 박력분, 코코아파우더를 합쳐 놓는다.	
		우유 안에 달걀노른자를 조금씩 넣고 혼합한 다음 체로 걸러 놓는다.	
		우유+달걀노른자액을 다시 불에 올려 80℃ 정도로 끓인 다음 식힌다.	
		식은 후에 바닐라 에센스, 브랜디, 거품 올린 생크림을 합친다.	
5	마무리	마무리는 에클레어는 구운 후 즉시 식힌다.	
		초콜릿 크림을 안에 짜고 표면에 초콜릿을 코팅한다.	

제**6**장

파이 반죽(접는 반죽,
퓨타쥬, Feuilletage)은
어떻게 되는가?

제6장

파이 반죽(접는 반죽, 퓨타쥬, Feuilletage)은 어떻게 되는가?

제1절 파이 반죽(접는 반죽)의 정의는 어떻게 되는가?

1. 파이 반죽(접는 반죽)의 정의는 어떻게 되는가?

파이 반죽의 정의는 반죽을 밀어 펴서 여러 층의 얇은 반죽을 만들어 구워낸 것이다.

2. 파이 반죽(접는 반죽)의 특성, 반죽 팽창, 반죽 배합은 어떻게 되는가?

파이 반죽의 특성은 얇은 층의 쇼트네성 형성이다. 반죽 팽창은 수분이 증기가 되어 밀가루 층을 들어 올리고 버터가 녹아 층이 생긴다. 파이 반죽의 배합은 중력분 100%, 버터 100%, 물(얼음물)이 50%, 소금이 2%가 기본이다.

순서	제조과정	파이 반죽의 특성, 반죽 팽창, 반죽 배합 만드는 법	확인
1	파이의 정의 특성	파이 반죽(접는 반죽)의 정의는 프랑스어로 파트 퓨테(Pate Feuiletee), 퓨타쥬(Feuilletage)라고 하며, 피유는(Feuille) 나뭇잎의 의미로 파트 퓨타쥬(Pate Feuilletage)는 구워지면 상당히 얇은 층이 쌓아져서 되는 잎을 몇 장씩 층을 쌓아 높은 상태로 만들어져 있어서 이 이름이 붙여졌다고 생각한다.	

2	파이의 특성	파이 반죽(접는 반죽)의 특성은 쇼트네성(부서짐)으로, 쇼트네성이란 "부서지기 쉽다"는 의미로 구워낸 후 반죽은 진하고 얇은 상태가 되어 먹었을 때 바싹바싹한 식감이 되는 것을 말한다.	
3	퍼프 페이스트리 반죽 정의(puff pastry)	퍼프 페이스트리 반죽의 정의는 영국에서 파이 반죽(접는 반죽)을 의미하며, 퍼프 페이스트리는 접기형 파이 반죽, 미국의 플레이키 페이스트리(flaky pastry), 프랑스의 파트 푀이테에 해당하는 명칭이다.	
		퍼프는(puff)는 "부풀은" 뜻의 의미가 있고, 폴트는 얇은 단층의 의미로, 반죽을 구워낸 상태에서 이름이 붙여졌다.	
		퍼프 페이스트에 잼, 버터크림, 쇠고기, 햄, 생선 살, 치즈 등을 충전하고 성형한 뒤 구워낸 것이 퍼프 페이스트리이다.	
		파이(접는 반죽)는 버터를 주원료로 밀가루 층과 버터 층이 상호 수백 층이 되도록 만든다.	
4	파이 반죽 팽창	파이 반죽 팽창은 반죽을 구워내면 얇은 층이 기층이 되는 것은 반죽의 안에 포함되어있는 수분이 증기가 되어 밀가루 층을 들어 올려 버터가 녹아져서 밀가루의 층에 흡수되어 층과 층 사이에 공간이 되어 부풀어진다.	
		파이 반죽 팽창에 따라 볼륨이 생기고 동시에 접지 반죽 특유의 바싹하고 가벼운 입안에서 감칠맛이 생긴다.	
5	파이 반죽 배합	파이 반죽(접지 반죽) 배합은 중력분 100%에 대하여 버터 100%의 배합이 기본이 되고 버터량은 반(50%)까지 낮출 수 있다.	
		버터의 양(100%)이 줄어들면 접기는 쉬우나 풍미는 떨어지며, 물(얼음물)의 양은 50~60% 정도이며 소금양은 1~2%이다.	

3. 파이(접는) 반죽의 제법 4가지는 어떻게 되는가?

파이(접는) 반죽의 제법 4가지는 접지형 반죽(퓨타쥬 노말), 속성형 반죽, 반죽형 반죽, 보통 파이라 불리는 이김형 반죽 등 대표적인 제법이다.

4. 파이 반죽(접는 반죽)의 종류는 어떻게 되는가?

파이 반죽의 종류는 접지형 반죽(퓨타쥬 노말), 속성형 반죽, 반죽형 반죽, 이김형 반죽의 4가지가 있다.

이긴 파이 반죽 제법은 밀가루 안에 유지를 잘게 잘라서 그 위에 유지를 반죽의 2/3 크기로 펴서 올려 반죽에 싸서 밀어 펴서 휴지시키면서 3절 접기 3회를 한다.

순서	제조과정	파이 반죽의 종류와 만드는 순서	확인
1	접지형 표준 파이 반죽(퓨타쥬 노말) (feuilletage normal)	접지형 표준 파이 반죽(파트·퓨테)은 밀가루에 물을 넣고 합쳐 이겨서 만들어 휴지시킨 후 버터를 싸서 수회 늘려 접어 쌓는 방법이다.	
		반죽을 만들고 휴지시킨 후 반죽에 유지를 싸서 접어 밀기한 반죽으로 퍼프 페이스트, 파트 푀이테가 여기에 해당되며, 독일식 퍼프 페이스티인 블레터 타이크가 여기에 해당한다.	
		접지형 표준 파이의 밀어 펴기는 유지를 반죽을 싸서 접어, 밀어 펴기를 3절 접기 3회를 하며, 2절 접기 후 30분간 냉장고에서 반죽을 반드시 휴지시킨 후 밀어펴기를 해야 한다.	
		접지형 표준 파이 반죽 배합은 중력분 100%, 반죽 유지 50~70%, 소금 2%, 물 50~60%이다.	
		접지 파이 반죽 제법은 밀가루에 소금, 냉수를 넣고 믹싱하여 반죽을 만들어 접지 유지를 넣고 잘 반죽하여 둥글게 만들어 천에 싸서 냉장고에 휴지시킨다.	
		접지형 표준파이 반죽에 싸서 넣을 유지는 약 1cm 정도의 두께로 정사각형으로 만들어 놓는다.	
		파이 반죽을 유지 크기의 2배 정도 늘려서 유지를 마름모형으로 놓아 주위의 필요한 접기 수(3절 접기 3회 기준)를 늘려 반죽을 30분간 휴지시키면서 접지하는 것이 중요하며, 반죽을 끌어당겨 유지를 완전히 싼다.	
2	속성 파이 반죽 (퓨타쥬 라핏트) (feuilletage rapide)	속성 파이 반죽은 버터를 밀가루 속에 주사위 크기로 사각으로 잘라 소금, 냉수를 넣고 반죽하는 방법이며, 반죽을 만들 때는 너무 이기지 않으며, 조금 딱딱하게 반죽을 만든다.	
		속성 파이 재료를 가볍게 섞어 합쳐 수회 늘려서 직사각형으로 길게 밀어 편 후 반죽을 바로 접어 엷은 층이 되도록 쌓는 방법으로 즉석으로 만드는 방법이라 할 수 있다. 반죽을 휴지시킨 후 필요한 횟수만큼 반죽을 2~3번 접어 휴지한 후 밀어 펴기의 작업을 한다.	
		반죽형 파이 반죽은 조그만 정육면체로 자른 유지를 밀가루와 섞은 뒤 물을 더하면서 반죽하며 쇼트 페이스트, 파트 브리제 등이 여기에 해당한다.	
		속성 파이 반죽 배합은 밀가루 100%, 유지 75~100%, 소금 2%, 물 50~60%이다.	
		속성 파이 반죽의 장점은 작업이 간편하여 1시간 안에 반죽을 만들 수 있으며 단점은 접지형 반죽에 비해 부풀음이 적어 주로 파이 껍질로 쓰인다.	

3	이김형 파이 반죽 (퓨타쥬 안베루스) (feulletage inverse)	이김형 파이 반죽은 버터에 밀가루 1/3 양을 섞어 넣고 이 반죽으로 반죽 밀가루(남은 재료를 이겨 합쳐 만든다)를 싸서 반죽을 3절 접기 3회를 하면서 늘려 접어 쌓는 조작을 반복한다.
		이김형 파이 반죽 제법은 밀가루에 소금, 냉수를 넣고 반죽을 만들어 접지 유지를 넣고 잘 반죽하여 둥글게 만들어 천에 싸서 냉장고에 휴지시킨다.
		감싼 유지를 약 1cm 정도의 두께로 정사각형으로 만들어 놓는다.
		반죽을 유지 크기의 2배 정도 늘려서 유지를 마름모형으로 놓아 주위의 필요한 접기 수(3절 접기 3회 기준)를 늘려 반죽을 30분간 휴지시키면서 접지하는 것이 중요하며, 반죽을 끌어당겨 유지를 완전히 싼다.
		반죽 배합은 밀가루 100%, 반죽 유지 5~10%, 소금 2%, 물 50~60%, 접지용 유지 70~95%이다.
4	이김형 파이 반죽 퓨타쥬 비에노와 (feuilletage viennois)	버터의 1/2을 넣어 이겨 믹싱한 반죽을 버터를 싸서 늘려 접어 쌓아 가는 방법이다.
		반죽 배합은 밀가루 100%, 반죽 유지 5~10%, 소금 2%, 물 50~60%, 접지용 유지 70~95%이다.
		접는 방법과 접어 가는 방법은 여러 가지가 있지만, 잘 사용하는 것은 3절 접기 6회이다.
		또는 3절 접기 4~5회, 4절 접기 4회, 또한 3절 접기와 4절 접기 2회씩 하는 방법이 있다.
		접는 방법이 다르면 부풀음과 감칠맛이 달라진다.
		접기가 적으면 구워낼 때 버터가 밖으로 흘러나오고 반죽의 표면이 볼록하게 부풀어지고 부푼 부분이 딱딱한 전병처럼 되어 버린다.
		접는 횟수가 많으면 버터의 층과 밀가루의 층이 스며들어서 부풀음이 나쁘게 된다.
5	파이의 접는 층 계산법	파이 층 접기 수 계산법은 다음과 같다. 3절 접기 3회=28층, 3×3×3+1(기본 밑 반죽) 3절 접기 2회, 4절 접기 1회=37층, 3×4×3+1(기본 밑 반죽) 3절 접기 4회 3×3×3×3+1=82층 3절 접기 5회 3×3×3×3×3+1=244층 3절 접기 6회 3×3×3×3×3×3+1=730층 3절, 4절 접기 각각 2회 3×4×3×4+1=145층
		반죽의 접는 수와 마무리 성형의 두께에 따라 부풀음과 식감이 변하게 된다.

5. 접지형 파이 반죽의 배합표(접지형 파이, Pate a Feuilletees)

순서	재료	배합 비율(%)	배합량(g)	확인
1	강력분	75	225	
2	박력분	25	75	
3	물	60	180	
4	소금	1	3	
5	버터	100	300	
합계	-	261%	783g	

6. 접지형 표준 파이 반죽을 만드는 순서는 어떻게 되는가?

접지형 표준 파이 반죽을 만드는 순서는 밀가루 체질하기, 물 섞기, 반죽 만들기, 버터 섞기, 반죽 휴지, 반죽 접기(3절 접기 3회), 성형하기, 굽기가 있다.

순서	제조과정	파이 반죽을 만드는 순서	확인
1	밀가루 체질	밀가루 체질은 강력분과 박력분을 섞어서 함께 체로 쳐서 대리석 작업대 위에 올려 중심부를 우물 모양(폰테뉴)을 만든다.	
2	물 섞기	물 섞기는 물 90%(162g)에 소금을 넣고 주위의 밀가루를 조심스럽게 섞어 중앙으로 합친다.	
3	반죽 만들기	반죽 만들기는 반죽은 강약을 조절하면서 남은 물을 넣고 반죽을 작업대에 두드려서 귓불 정도의 강도로 만들어 뭉쳐 칼로 십자로 잘라서 표면이 건조되지 않도록 싸서 냉장고에서 20~30분 정도를 휴지시킨다.	
4	버터 만들기	버터 만들기는 차게 된 버터를 꺼내서 밀대로 조절해서 두께 1.5cm, 길이 20cm 정도 크기의 정사각형으로 만든다.	
5	반죽 휴지	반죽 휴지는 반죽을 뭉쳐 비닐에 싸서 냉장고에 30분간 휴지시킨다.	
6	반죽 접기 3절 접기 3회	반죽 접기는 3절 접기 3회로 휴지시켜 놓은 반죽에 덧가루를 뿌려 대리석 위에 꺼내 놓아 성형한 버터를 접지할 수 있을 정도의 크기인 직사각형 형태로 밀대로 늘린다. 반죽 위에 성형한 버터를 45°로 비껴놓고 옆에 나와 있는 반죽을 사방에서 싸서 접어 완전히 싸도록 3절 접기를 한다. 반죽 형태를 정돈해 밀대로 가볍게 두들겨 반죽을 친숙하게 직사각형으로 늘린다.	

		반죽을 1/3을 접고 나머지 1/3을 싸서 3절 접기를 한다.
		올려놓은 반죽에 붙도록 가볍게 밀대로 밀어 형태를 만든다.
		반죽 방향을 90°로 회전시켜 똑같은 작업을 반복하여 3절 접기 2회를 한다.
		반죽이 건조되지 않도록 냉장고에서 20분간 휴지시킨다.
		반죽 접기는 파이 제품에 따라 3절 접기 2회 후 나머지 1회(3절 접기 4회) 또는 2회(3절 접기 6회)를 휴지를 시키면서 밀어 편다.
7	작업실 온도	작업실 온도는 18℃ 이하로 유지하며 반죽은 냉장고에서 30분 이상 휴지시키는 것이 좋은 접지 반죽을 만드는 조건이다.
8	성형하기	성형하기는 파이 반죽을 희망하는 두께와 형태로 칼로 잘라서 만든다.
9	굽기	굽기는 오븐 온도 200℃에서 크기에 따라 20~40분간 시간을 조절하여 굽는다.

제 **7** 장

타르트(Tarte)는 어떻게 되는가?

제7장

타르트(Tarte)는 어떻게 되는가?

제1절 타르트(Tarte)는 어떻게 되는가?

1. 타르트는 어떻게 되는가?

타르트는 쿠키 반죽으로 밑받침을 만들어 반죽 안에 크림, 과일을 넣고 채워 뚜껑이 없이 구워내서 만든 과자이다. 타르트란 프랑스를 대표하는 과자로 쿠키 반죽(파트 슈크레), 이탈리아어로 토르타, 영·미국에서는 타트라고 부른다.

2. 타르트의 역사는 어떻게 되는가?

타르트의 역사는 독일이 발상지로, 프랑스, 이탈리아, 영국, 미국에서 각각 발전해왔다.

순서	나라명	타르트의 역사와 발달	확인
1	독일	독일은 타르트의 발상지로 16세기 고대 게르만족이 태양의 모양을 본떠서 여름의 하지 축제 때에 평평한 원형의 과자를 구운 것으로 중세 교회서 행하는 축제 때마다 타르트가 만들어졌다.	
2	프랑스	프랑스에서 타르트가 만들어진 것은 15~16세기 후반이며 인기 제품이 된	

		것은 19세기부터이며, 반죽은 파트 쉬크레, 파트 푀이테 등이 사용되며 과자의 명칭은 사용한 과일의 이름을 따서 붙이는 경향이 많으며, 과일 타르트가 있다.
3	이탈리아	이탈리아는 단맛, 짠맛의 2가지 타르트가 있으며 짠맛의 타르트는 요리로 만든다.
4	영국, 미국	영국, 미국 모두 타르트와 비슷한 애플파이나 피칸 파이, 호박파이 등 파이류가 많이 만들어지고 있으며, 타르트에 채우는 내용물은 과일, 크림 같은 충전물에 따라 달라진다.

3. 타르트의 종류는 무엇이 있는가?

타르트의 종류는 밑반죽은 용도에 따라 과자용, 요리용 2가지가 있다.

과자용에 이용되는 단맛이 들어간 반죽으로 파트 슈크레(쿠키), 요리용은 단맛이 없는 반죽으로 파트 브레제, 파트 파테(요리)가 있다.

순서	타르트의 종류	타르트의 반죽 종류	확인
1	파테 슈크레 (pate sucree)	파테 슈크레는 설탕이 들어간 과자용 타르트 반죽이다.	
2	파테 샤브레 (pate sablee)	파테 샤브레는 모래처럼 부서지기 쉬운 과자용 타르트 반죽이다.	
3	파테 퐁세 (pate a foncer)	파테 퐁세는 과자용 밑 반죽이다.	
4	파테 브리제 (pate brisee)	파테 브리제는 요리용으로 설탕이 들어가지 않은 부슬부슬한 타르트 반죽이다.	
5	파테 파테 (pate a pates)	파테 파테는 요리용, 파티용의 반죽으로 사용되며 제법별로 보면 필링을 넣은 후에 구운 것, 넣지 않고 빈 상태로 구운 것이 있다.	

4. 타르트 반죽의 배합표

순서	재료	배합 비율(%)	배합량(g)	확인
1	박력분	100	250	
2	버터	50	125	
3	설탕	50	125	

4	달걀	60	150	
5	바닐라 오일	0.1	0.25	
합계	-	260.1%	650.25g	

5. 타르트를 만드는 순서는 어떻게 되는가?

타르트를 만드는 순서는 틀 준비, 버터 젓기, 설탕 섞기, 달걀 섞기, 박력분 섞기, 반죽 휴지, 성형, 필링, 굽기이다.

순서	제조과정	타르트를 만드는 순서	확인
1	틀 준비	틀 준비는 타르트의 틀을 준비한다.	
2	버터 젓기	버터 젓기는 볼에 실온에 놓아둔 부드럽게 된 버터를 볼에 넣고 나무 주걱(거품기)으로 이겨 크림 상태로 만든다.	
3	설탕 섞기	설탕 섞기는 볼에 설탕을 3회 나누어 넣고 전체가 하얗게 될 때까지 저어 섞는다.	
4	달걀 섞기	달걀 섞기는 깬 달걀을 3회 정도 나누어서 충분히 저어 섞는다.	
5	바닐라 오일	바닐라 오일을 넣고 섞는다.	
6	박력분 섞기	박력분 섞기는 체질한 박력분을 넣어 끈기가 생기지 않도록 나무 주걱으로 전체가 덩어리질 때까지 30~50회를 저어 섞는다.	
7	반죽 휴지	반죽 휴지는 반죽을 냉장고에 30분 정도 휴지시켜 전체가 친숙하게 되면 성형한다.	
8	성형하기	성형하기는 타르트 틀의 반죽에 내용물을 채우는 재료에 따라서 달라진다. 과일처럼 수분이 많은 경우는 반죽을 조금 되게 만들거나 굽는 도중에 한 번 오븐에서 꺼내어 슈가파우더를 뿌린 뒤 다시 넣어 굽는다. 성형하기 후에 반죽 밑부분을 칼끝이나 뾰족한 꼬챙이로 작은 구멍을 뚫어준다.	
9	필링하기	필링하기는 타르트 반죽에 과일은 물기를 빼고 채우고, 크림류는 과일의 성질을 고려해서 선택한다.	
10	굽기	굽기는 오븐 온도 180℃에서 25~40분간 구워준다.	

6. 타르트의 제법은 무엇이 있는가?

타르트를 만드는 제법은 크림법으로, 접시 모양을 만들어 안에 여러 가지 과일이나 크림을 넣는다. 타르틀레트는 요리용으로 소금 맛이 있는 것을 만들어 오드블이나 앙 트르메로써 사용되고 있다.

7. 타르트를 만드는 법은 어떻게 되는가?

타르트를 만드는 법은 파테 슈크레, 파테 브리제, 파테 퐁세 3가지가 있다.

1) 파테 슈크레(Pate Sucree)의 정의는 어떻게 되는가?

슈크레는 설탕이 들어간 타르트에 사용되는 반죽으로 갈레트, 프티블도 만들 수 있다.

2) 타르트의 반죽의 종류별 배합표

순서	제조과정	재료	배합비율(%)	배합량(g)	확인
1	파테 슈크레 (Pate Sucree)	박력분	100	250	
		버터	60	150	
		설탕	40	100	
	파테 샤브레 (Pate Sablee)	달걀	24	60(1개)	
		바닐라 오일	0.1	1	
		합계	224.1%	661g	
2	파테 브리제 (Pate Brisee)	박력분	100	250	
		버터	70	175	
		설탕	0	0	
		소금	0.12	6	
		물	30	75	
		바닐라 오일	0.1	1	
		합계	200.22%	507g	
3	파테 퐁세 (Pate Foncer)	박력분	100	250	
		소금	0.12	3	
		설탕	4	10	
		노른자	8	20(1개분)	
		버터	60	150	
		물	40	100	
		합계	212.12%	533g	

3) 파테 슈크레를 만드는 순서는 어떻게 되는가?

파테 슈크레는 설탕이 들어가 모래처럼 부서지기 쉬운 반죽으로 냉장고에서 충분히 휴지를 시킨다. 파테 슈크레 반죽을 만드는 순서는 밀가루 체질, 재료 섞기, 반죽 휴지, 성형, 필링, 굽기이다.

순서	제조과정	파테 슈크레를 만드는 순서	확인
1	박력분 체질	박력분 체질은 대리석 작업대 위에서 버터를 섞고 부슬부슬한 상태로 혼합해 우물처럼 만든다.	
2	재료 섞기	재료 섞기는 박력분의 중앙에 소금, 설탕, 노른자, 물을 넣고 섞어서 주위의 밀가루를 조금씩 섞어 넣으면서 끈기가 생기지 않게 전체를 섞는다.	
3	반죽 휴지	반죽 휴지는 냉장고에 30분 정도 휴지시켜 전체가 친숙하게 되면 성형한다.	
4	성형하기	성형하기는 반죽을 밀어 펴서 틀에 놓고 반죽에 포크로 작은 구멍을 골고루 낸 다음 내용물을 채워 넣는다.	
5	필링하기	필링하기는 과일은 물기를 빼고 채우며, 크림류는 과일의 성질을 고려해서 선택한다.	
6	굽기	굽기는 오븐 온도 180℃에서 제품 크기에 따라 25~40분간 구워낸다.	

4) 파테 브리세(Pate Brisee)는 어떻게 되는가?

파테 브리세는 설탕이 들어가지 않은 받침용으로 사용하는 반죽형 파이 반죽이다. 과실, 크림을 충전해 굽는 파이, 타르트에 많이 사용한다.

파테 브리세 반죽을 2~3번 접어 밀어 펴는 미국식 파이 제법으로 미 대륙으로 건너간 개척자들이 유럽식 방법을 간단하게 바꾸어 만든 것이다.

5) 파테 브리세를 만드는 순서는 어떻게 되는가?

파테 브리세를 만들기 순서는 박력분에 버터 섞기, 재료 섞기, 반죽 휴지, 성형하기, 필링하기, 굽기이다.

순서	재료	파테 브리세의 만드는 순서	확인
1	박력분+ 버터 섞기	박력분+ 버터 섞기는 체로 친 박력분을 대리석 위에 펼쳐놓고 냉장고에서 꺼낸 딱딱한 버터를 넣어 밀가루를 덮어씌워서 잘게 자른다.	
2	재료 섞기	재료 섞기는 박력분에 버터를 싸서 양손으로 가볍게 문질러서 부슬거리는 상태로 만든 다음, 소금과 물을 부어 전체를 접고 쌓듯이 섞어 뭉친다.	
3	반죽 휴지	반죽 휴지는 냉장고에 30분 정도 휴지시켜 전체가 친숙하게 되면 성형을 한다.	
4	성형하기	성형하기는 3절 접기 3회를 하여 30분간 냉장고에서 휴지시켜 사용한다.	
		반죽을 틀에 넣고 반죽에 작은 구멍을 골고루 낸다.	
5	필링하기	필링하기는 과일은 물기를 빼고 채우며, 크림류는 과일의 성질을 고려해서 선택한다.	
6	굽기	굽기는 오븐 온도 180℃에서 제품 크기에 따라 25~40분간 구워낸다.	

제**8**장

푸딩(Pudding)이란
어떻게 되는가?

제8장

푸딩(Pudding)이란 어떻게 되는가?

제1절 푸딩(Pudding)이란 어떻게 되는가?

1. 푸딩이란 어떻게 되는가?

푸딩은 달걀의 열 응고를 이용하여 만드는 부드러운 식감을 지닌 과자이다.

2. 푸딩의 정의, 역사, 분류, 종류는 어떻게 되는가?

푸딩의 정의는 밀가루, 전분, 달걀의 열 응고를 이용하여 만드는 과자이다. 푸딩의 역사는 영국이 기원이다. 푸딩의 종류는 단맛 푸딩, 짠맛 푸딩, 나무 열매 푸딩, 쌀 푸딩으로 분류되며, 따뜻한 푸딩, 차가운 푸딩의 종류가 있다.

순서	푸딩의 개념	푸딩의 정의, 역사, 분류 종류	확인
1	푸딩의 정의	푸딩의 정의는 밀가루, 전분 또는 달걀의 열 응고를 이용하여 만드는 부드러운 식감을 지닌 과자이다.	
2	푸딩의 역사	푸딩의 기원은 5~6세기 달걀과 밀가루를 사용하여 영국에서 만들어졌고, 유럽 각지로 퍼져 여러 가지 종류의 제품이 만들어지게 되었다.	
		푸딩의 역사는 우유와 달걀이 주체인 커스터드 푸딩이 넓게 알려져 있	

		으나, 원래는 빵의 부스러기를 활용하기 위해 고안된 증기 굽기 한 과자로 영국이 원조라고 한다.	
		푸딩은 항해에 나가는 배에서 정해진 식량이 부족하여 빵 부스러기를 전부 처리하기 위해 고안되었다.	
3	푸딩의 분류	푸딩의 분류는 단맛 푸딩, 소금을 넣은 짠맛 푸딩, 나무 열매 푸딩, 쌀 푸딩으로 배합과 만드는 방법도 여러 가지가 있다.	
		대표적인 푸딩은 영국의 크리스마스에 먹는 프럼 푸딩이다.	
4	푸딩의 종류	푸딩의 종류는 온제와 냉제, 전분 열 응고, 달걀의 열 응고, 배합 종류에 의해 나누어진다.	

3. 푸딩 배합의 종류는 무엇이 있는가?

푸딩 배합의 종류는 우유 푸딩, 스펀지 푸딩, 수플레 푸딩, 스엣트 푸딩이 있다.

순서	푸딩의 종류	푸딩 배합의 종류	확인
1	우유 푸딩 (커스터드 푸딩)	우유 푸딩은 우유를 주체로 한 푸딩의 원형은 쌀 푸딩이며, 영국에서 가정요리의 죽과 밀접한 관계가 있다.	
		제일 간단한 쌀 푸딩은 우유와 쌀, 버터, 설탕만으로 만든다.	
2	스펀지 푸딩	스펀지 푸딩은 반죽의 배합, 제법은 대부분 버터케이크와 같으며 굽지 않고 삶아서 열을 통과한다.	
		기본의 배합에 여러 가지 소재를 부가하여 종류가 풍부한 제품을 만들 수 있다.	
3	수플레 푸딩	수플레 푸딩은 오븐에 굽는 수플레와 같으며 중탕으로 굽기를 한다.	
		여러 가지 소재를 부가하는 것에 의해 여러 가지를 만들 수 있다.	
4	스엣트 푸딩	스엣트 푸딩은 소의 심장이나 위장 주위에 있는 지방으로 영국 푸딩의 전통적인 재료의 하나이다.	
		스엣트 푸딩은 풍미와 특유한 맛이 있고 좋아하거나 싫어하는 것의 구분이 확실하다.	

4. 푸딩의 재료는 어떻게 되는가?

푸딩의 재료는 우유, 설탕류, 가루류, 달걀, 바닐라 등 5가지이다.

순서	재료명	푸딩의 재료의 역할	확인
1	우유	우유가 들어가는 푸딩의 종류는 많으며 풍미가 우수한 우유는 전분이나 열 응고시킬 때의 중개 역할도 나타낸다.	
		크림 캐러멜처럼 우유와 달걀과 설탕만으로 만드는 푸딩은 달걀이 우유의 안에 골고루 분산되어 기공이 조밀하며 입안 감촉을 만들어 낸다.	
2	설탕	설탕은 뛰어난 감미료의 역할, 스펀지 푸딩이나 수플레 푸딩 등은 각각 버터 케이크나 스펀지 제품에 있어 설탕과 같은 역할을 낸다.	
		브라운슈가 등 풍미가 뛰어난 특수한 설탕을 사용하며, 꿀이나 맥아 몰트 등이 푸딩에 사용되는 것이 많다.	
3	가루류	가루류는 우유 푸딩이나 스웻트 푸딩에 있어 가루류는 주로 응고제에 의한 연결 역할을 한다.	
		밀가루, 옥수수 전분, 타피오카 전분, 특수 밀가루인 세몰리나 등을 사용한다.	
		스펀지 푸딩과 함께 수플레 푸딩에는 제품의 보형성을 좋게 하며 글루텐의 존재가 필요하여 밀가루가 많이 사용된다.	
4	달걀	달걀은 푸딩 반죽을 연결하는 소재이며 미각적·영양적으로 뛰어나다.	
		달걀은 거품을 올리는 것에 의해 푸딩이 반죽을 가볍게 하는 목적에도 이용된다.	
5	유지류	유지는 우유 푸딩에서 우유의 풍미를 내기 위해 버터가 사용되는 것이 많다.	
		스펀지 푸딩, 수플레 푸딩은 풍미를 중시하여 버터를 사용하는데, 가격을 낮게 하는 경우는 마가린이 사용된다.	
6	빵	빵을 이용한 푸딩에 여러 가지 종류로 슬라이스한 빵을 틀의 안에 붙이고 푸딩 반죽을 부어 넣은 것과 반죽 자체에 빵을 혼입해 넣은 것이 있다.	

5. 푸딩의 제품은 무엇이 있는가?

푸딩의 제품은 커스터드 푸딩, 쌀 푸딩, 스웻트 푸딩 등이 있다.

1) 커스터드 푸딩(custard pudding) 반죽의 배합표

순서	재료	배합 비율(%)	배합량(g)	확인
1	우유	100	500	
2	설탕	25	125	
3	달걀	20	100	
4	바닐라 오일	0.5	2.5	
5	캐러멜	0.5	2.5	
합계	-	146%	729g	

2) 커스터드 푸딩을 만드는 순서는 어떻게 되는가?

커스터드 푸딩을 만드는 순서는 캐러멜 만들기, 푸딩 반죽 만들기, 틀 넣기, 푸딩 굽기, 보관 관리가 있다.

순서	제조과정	커스터드 푸딩을 만드는 순서	확인
1	캐러멜 만들기	캐러멜 소스를 만든다.	
		캐러멜 소스는 냄비에 설탕 150g과 적당량의 물을 넣고 불에 올려 끓여 조린다.(재료의 설탕과는 별도의 양이다.)	
		캐러멜의 배합은 설탕 60%, 물 40%의 비율이면 좋다.	
		설탕액은 엷은 갈색이 되면 골고루 저어가면서 끓여 졸인다.	
		캐러멜을 졸이는 상태는 설탕액의 온도가 높게 되어있어 타기 쉬우므로 주의가 필요하다.	
		캐러멜이 짙은 갈색이 되면 뜨거운 물을 조금 주입하고 잠시 끓여 녹인다.	
		설탕액은 고온이므로 온도가 넘을 때가 있다.	
		온도가 낮은 미지근한 물이나 물을 넣으면 넘쳐나기 쉬워 만드는 뜨거운 물을 천천히 주의하면서 넣는다.	
		설탕액이 넘쳐 오르고 캐러멜 상이 되면 얼음물 안에 조금 설탕액을 떨어트려 부드러운 상태로 굳어지면 불에서 내린다.	
		푸딩 틀에 캐러멜을 넣고 차게 굳힌다.	
2	푸딩 반죽 만들기	푸딩 반죽 만들기는 설탕과 달걀을 볼에 넣고 잘 섞는다.	
		우유를 끓인 후 바닐라 향, 달걀 액을 넣고 잘 섞어 혼합한다.	
3	틀 넣기	틀 넣기는 액체를 걸러서 푸딩 틀에 반죽을 80% 정도를 부어 넣는다.	
4	푸딩 굽기	푸딩 굽기는 오븐의 철판에 푸딩 틀이 1/3 잠길 정도 뜨거운 물을 넣는다.	
		굽기는 오븐 온도 160~180℃로 30~40분간 찜 굽기를 한다.	
		※ 찜을 하기 위해 끓일 때 거품이 생기지 않도록 하는데, 찌는 과정에 거품이 생기면 부드러운 푸딩이 되지 않는다.	
		뜨거운 물의 양이 많으면 시간이 걸려 부풀음이 생기는 때도 있다.	
		달걀찜의 요령과 같이 중탕으로 오븐에 넣어 굽는다.	
5	보관 관리	보관 관리는 푸딩이 구워지면 오븐에서 꺼내 자연스럽게 식은 후에 냉장고에 넣고 보관 관리하여 차갑게 제공한다.	
		※ 푸딩 반죽은 얇게 잘라 토스트하여 버터를 칠한 빵과 건포도를 넣어 구우면 브레드 앤드 푸딩(Bread and butter · pudding)이 된다.	

제**9**장

앙트르메(프 · entremets)
는 어떻게 되는가?

앙트르메(프 · entremets)는 어떻게 되는가?

제1절 앙트르메(Entremets) 정의는 어떻게 되는가?

1. 앙트르메 정의는 어떻게 되는가?

앙트르메 정의는 식후의 단맛을 주는 과자이다.

2. 앙트르메의 역사, 종류는 어떻게 되는가?

앙트르메의 역사는 12세기경이며, 종류는 따뜻한 것, 찬 것이 있다.

순서	제조과정	앙트르메의 역사와 종류	확인
1	앙트르메의 정의	앙트르메 정의는 식후의 단맛이 나는 과자를 의미하며 소스를 곁들이기 때문에 과자라기보다도 일품요리로 취급하는 경우가 많다.	
		영어로는 "디저트"에 해당하는 언어로 생각할 수 있는데, 말의 유래를 찾아보면 꼭 단맛을 의미하지는 않다.	
2	앙트르메의 역사	앙트르메의 역사는 12세기경부터 사용하기 시작되어 원래는 요리와 요리의 중간(entre; 사이, mats; 요리)이란 의미로 요리는 야채나 고기, 생선, 단맛 등이 있었다.	

3	앙트르메의 종류	앙트르메의 종류는 따뜻한 것(entremets chaldds), 찬 것(entermets froids)이 있다.	
		앙트르메는 사용 목적에 따라 앙트르메 파티시에르(entremet de patisserie), 앙트르메 드 큐이지누(entremets de cuisine)로 분류된다.	
		과자점에서 만드는 대표적인 것은 수플레, 크레프, 바바루아, 젤리, 타르트, 푸티 가토 등이 있다.	

제 **10** 장

수플레(영, 프 · Souffle 독 · Auflauf)란 어떻게 되는가?

제10장

수플레(영, 프 · Souffle 독 · Auflauf)란 어떻게 되는가?

제1절 수플레(Souffle)는 어떻게 되는가?

1. 수플레 정의는 어떻게 되는가?

수플레 정의는 프랑스어로 "부풀리다"와 "사람을 기다리게 한다"라는 뜻으로서 기포성 반죽을 구워서 2~3배로 부풀린다는 의미에서 붙여진 이름이다. 제과 용어로 "설탕액을 끓여 조리는 온도"를 뜻하기도 한다. 대부분은 부풀리므로 부드럽게 느끼며 혀를 상쾌하게 하고 소화도 좋게 한다.

2. 수플레의 종류, 팽창, 굽기, 요리의 제공은 어떻게 되는가?

수플레의 종류는 단맛, 과일 맛이 있으며 뜨거울 때 제공하는 머랭의 일종이다. 팽창 방법은 흰자 팽창, 베이킹파우더 팽창, 이스트 팽창이 있다.
굽기는 중탕으로 구우며, 요리의 제공은 구워서 바로 내놓는다.

순서	수플레	수플레의 정의 팽창, 굽기, 요리의 제공	확인
1	수플레의 정의	수플레의 정의는 뜨거울 때 제공하는 앙트르메의 하나로 으깬 과일이나 크림에 머랭을 넣은 것이다.	
		달걀흰자 거품에 커스터드 크림 등을 섞어 오븐에서 부풀려 구운 프랑스 디저트이다.	
2	수플레의 종류	수플레의 종류는 단맛의 수플레와 과일 맛의 수플레가 있다. 과실은 오렌지, 딸기, 무화과, 라즈베리, 레몬, 라임이다.	
3	수플레의 용기	수플레의 용기는 "모자"의 의미처럼 가득 부풀어 황금의 왕관처럼 부풀어 올라와야 한다.	
		부풀은 상태를 좋게 유지하기 위해 여러 가지 노력이 필요하다.	
		반죽을 넣어 굽는 용기도 그 하나로 가득 부풀어 오른 모습을 보다 좋게 보이기 위해서는 너무 깊지 않은 용기를 사용하여 굽는다.	
4	수플레 팽창 방법	수플레의 팽창 방법은 거품 올린 흰자에 의해 팽창 방법, 베이킹파우더의 팽창 방법, 이스트균에 의한 팽창 방법 등 3가지가 있다.	
		수플레는 흰자의 힘으로 부풀림으로 디저트의 요리로도 이용된다.	
5	수플레 굽는 법	수플레의 굽는 법은 종류에 따라 직접 오븐에 넣는 것, 철판에 뜨거운 물을 넣고 중탕하여 넣는 법이 있다. 보통 가스 오븐에서는 중탕하여 굽지만 전기 오븐에서는 중탕하지 않고 직접 굽는다.	
6	요리의 제공	수플레의 제공은 크게 윗부분이 부풀어 구워질 때 최고의 상태로 빠르게 서비스하는 것이 좋다.	
		사전에 시간을 재서 준비하여 손님에게 바로 구운 것을 제공한다.	

3. 수플레 제품은 어떻게 되는가?

　수플레 제품은 스위트 수플레와 세이보리 수플레 등이 있다. 스위트 수플레는 과일 퓌레, 설탕, 달걀흰자를 거품을 올리고, 바닐라와 양주를 넣어 만든다.
　세이보리 수플레는 기본 반죽에 버섯, 시금치, 생선, 고기 등이 첨가된다.

4. 수플레(직경 8cm, 용기 5개분) 반죽의 배합표

순서	재료	배합 비율(%)	배합량(g)	확인
1	우유	100	200	
2	버터	40	80	
3	소금	1	2	
4	설탕	40	80	
5	박력분	40	80	
6	달걀	100	200	
7	바닐라 에센스	0.5	1	
합계	-	321.5%	643g	

5. 수플레를 만드는 순서는 어떻게 되는가?

수플레를 만드는 순서는 루 만들기, 우유 끓이기, 노른자 섞기, 흰자 거품 올리기, 팬닝, 굽기, 제공하기이다.

순서	제조과정	수플레를 만드는 순서	확인
1	루 만들기 (버터+밀가루)	루 만들기는 냄비에 버터를 넣고 불에 올려 끓인 다음에 불에서 내려 체질한 박력분을 넣고 나무 주걱으로 저어 섞고 불에 다시 올려 가루가 없어질 때까지 잘 섞어 혼합한다. ※ 백색 루를 만드는 방법은 태우지 않도록 냄비의 밑에 나무 주걱을 눌러 잘 저어준다.	
2	우유 끓이기	우유 끓이기는 우유에 소금과 향료를 넣고 끓여 루의 안에 2~3회 나누어 부어 넣고 덩어리가 되지 않도록 잘 혼합해 섞는다. 루가 끓여지면 다시 강하게 충분히 저어 섞어 나무 주걱에 붙지 않을 정도로 끓여 불에서 내린다.	
3	노른자 섞기	노른자 섞기는 루에 설탕을 넣어가면서 노른자를 넣고 잘 섞어 혼합하여 짙은 크림 덩어리가 만들어진다.	
4	흰자 거품 올리기	루의 반죽이 사람의 체온 정도가 되면 흰자를 충분히 거품 올려 넣고 가볍게 섞어 혼합한다. 흰자 거품 올리기는 수플레의 흰자는 차갑게 하면서 충분히 시간을 두고 기공이 가늘고 확실한 머랭 상태로 바로 넣는 것이 구웠을 때보다 잘 부풀기 위한 요점이다.	

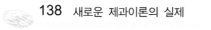

		흰자 거품 올리기에 사용하는 설탕은 소량을 남겨두고 거품 올리는 도중에 넣으며. 반죽을 섞을 때는 거품이 없어지지 않도록 주의한다.
5	팬닝 하기	팬닝 하기는 용기의 안쪽에 버터를 칠하고 설탕을 뿌리고 반죽을 70~80% 정도를 팬닝한다.
		반죽을 넣은 후 큰 틀의 용기의 경우에는 옆 부분을 나무로 저어준다.
		오븐을 가열하고 철판에 용기를 올려 펼쳐 용기의 높이인 1/3까지 부어 넣는다.
6	굽기	굽기는 오븐 온도 160~180℃에서 20~45분 정도 구워낸다.
		※ 철판에 부어 넣는 뜨거운 물의 양은 용기와 오븐에 따라 다르지만 구워낼 때 물이 없어질 때까지 정도가 제일 좋으며 물은 1/3 정도가 기준이다.
		굽는 시간은 1인분에 약 20분 정도, 10인분에 40~45분 걸린다.
		반죽 중앙까지 불이 통했는지 확인할 때는 반죽의 한 중앙을 나무로 찔러 보아 반죽이 묻어나오지 않으면 된다.
7	수플레 제공하기	수플레 제공하기는 구워지면 용기 상태로 틀에서 빼내 따뜻한 은접시에 장식하고 바닐라의 향을 낸 소스 앙글레즈를 첨가해 제공한다.
		틀에서 빼낼 경우는 구워낼 때의 높이에서, 조금 처질 때는 밑으로 하여 빼낸다(제일 부풀어 오른 상태에서 부드럽게 빠져나오지 않는다).
		수플레는 잠시 놓아두어 전체의 열이 평균적으로 되어 반죽이 떨어지면 빠지기 쉽게 된다.

제**11**장

크레프(영·Pan cake,
프·Crepes)란 어떻게
되는가?

제**11**장

크레프(영 · Pan cake, 프 · Crepes)란 어떻게 되는가?

제1절 크레프(Crepes)란 어떻게 되는가?

1. 크레프란 어떻게 되는가?

크레프는 박력분에 달걀, 우유를 섞어 반죽을 얇고 둥글게 굽거나 부친 것이다.

2. 크레프의 정의, 역사, 종류는 어떻게 되는가?

크레프의 정의는 반죽을 얇게 부친 것이다. 역사는 16세기 프랑스에서 만들어졌으며, 종류는 단맛 크레프, 달지 않는 크레프, 고기를 싼 크레프 등 3가지가 있다.

순서	제조과정	크레프의 정의, 역사, 종류	확인
1	크레프의 정의	크레프의 정의는 박력분에 달걀, 우유를 섞어 반죽을 얇고 둥글게 굽거나 부친 것이다.	
		크레프의 어원은 "둘둘 말린" 의미를 지니고 당시의 크레스프(cresp), 크리스프(crisp)에서 유래한 명칭이다.	
		크레프는 처음 빵 대용으로 간식으로 먹었지만, 지금은 디저트류로 폭넓게 활용된다.	

2	크레프의 역사	크레프의 역사는 16세기부터 내려온 과자로서 프랑스의 대표적인 앙트르메(서양요리의 식사 코스에서 마지막에 내는 디저트 중 단맛이 나는 과자)의 하나이다.
		크레프라는 단어는 "전" 또는 "쪼글쪼글"이라는 의미이며, 크레프 주재료는 밀가루, 달걀, 버터, 우유로 얇게 구운 것으로 많은 배합이 있다.
		크레프는 밀가루로 구운 소박한 음식인데, 재료의 배합과 굽는 방법의 노력으로 오늘날처럼 여러 종류의 크레프가 되었다.
3	크레프의 종류	크레프의 종류는 단맛의 크레프 쉬크레(crepes sucrees)와 달지 않은 크레프 살레(crepes salees)가 있다.
		크레프 쉬크레는 과실, 단 소스를 곁들인 디저트, 패스트 푸드에 응용한다.
		크레프 살레는 햄, 달걀, 고기, 생선류를 싼 요리로 만들어 간다.
		크레프를 이용한 과자는 크레프 쉬제트, 밀크레프, 크레프 수플레, 그라탱이 있다.

3. 크레프(15인분, 30개분) 반죽의 배합표

순서	재료	배합 비율(%)	배합량(g)	확인
1	박력분	100	130	
2	슈가파우더	38	49.4	
3	소금	1	2	
4	달걀	150	200	
5	우유	230 ~ 300	300 ~ 400	
6	버터	15	20	
7	바닐라 에센스	0.5	1	
8	브랜디(양주)	38	50	
합계	-	557.5 ~ 627.5%	723.75 ~ 815.75g	

4. 크레프를 만드는 순서는 어떻게 되는가?

크레프를 만드는 순서는 박력분 체질하기, 달걀 섞기, 우유 섞기, 반죽 휴지, 성형하기, 굽기가 있다.

순서	제조과정	크레프를 만드는 순서	확인
1	박력분 체질하기	박력분 체질하기는 박력분, 슈가파우더를 함께 체질하고, 소금을 넣고 가볍게 섞어 합친다.	
2	달걀 섞기	달걀 섞기는 박력분에 달걀을 넣고 덩어리가 생기지 않도록 주의하면서 잘 섞어 합친다.	
3	우유 섞기	우유 섞기는 우유를 2등분으로 나누어 데워두고 박력분에 투입하여 잘 섞는다.	
		박력분에 남은 우유와 녹인 버터, 바닐라 에센스, 브랜디를 넣고 잘 섞어 30~60분간 반죽을 휴지시킨다.	
4	반죽 휴지	반죽 휴지는 글루텐을 약하게 하고 반죽을 안정시키기 위해 30~60분 정도 휴지시킨다.	
		크레프의 반죽을 바로 구우면 탄력이 너무 강해 수축된 상태로 맛있게 되지 않고 입안에서 느낌이 나쁘게 되기 때문이다.	
5	성형하기	성형하기는 크레프를 굽는 데에는 특별한 프라이팬을 사용한다.	
		성형하기는 반죽을 1cm 정도의 두꺼운 철판으로 만들어진 8형의 프라이팬으로 주위가 조금 높다.	
6	굽기	굽기는 불이 약하게 골고루 전해지므로 얇고 깨끗한 그물망 모양으로 크레프를 구워낼 수 있다.	
		약한 불의 프라이팬에 올려 평균적으로 데워서 식용유로 녹인 버터를 소량 넣고 뚜껑을 덮어 여분의 기름을 없애거나, 기름걸레로 기름을 칠해주는 것도 하나의 방법이다.	
		크레프의 반죽을 부어 넣고 프라이팬을 전후좌우 들어서 두께를 일정하게 만들어, 깨끗하게 구운 색이 나면 뒤집어서 똑같이 구워 얇고 황갈색의 색을 낸다.	
		후라이 팬이 너무 뜨겁거나 기름이 많으면 구운 면이 타게 되므로, 반죽을 넣을 때는 후라이 팬은 불에서 내리는 것이 안전하다.	
		크레프 굽기는 두껍거나 너무 굽거나 하면 입안에서 식감이 나빠지므로 부어 넣는 반죽의 분량에 주의하며, 먼저 1~2회 반죽을 구워 적당량을 정해야 한다.	

5. 바닐라 크레프(15인분, 30개분) 반죽의 배합표

순서	재료	배합 비율(%)	배합량(g)	확인
1	박력분	100	100	
2	설탕	20	20	
3	노른자	25	25	
4	판젤라틴	4	4	
5	생크림	40	40	
6	버터	15	15	
7	바닐라 빈스	0.5	1/2개분(0.5)	
8	그랑마르니에 술(양주)	5	5	
합계	-	209.5%	209.5g	

6. 바닐라 크레프를 만드는 순서는 어떻게 되는가?

바닐라 크레프를 만드는 순서는 노른자에 설탕 섞기, 우유 끓이기, 우유 노른자 섞기, 젤라틴 섞기, 체 거르기, 생크림 올리기, 제품 굳히기가 있다.

순서	제조과정	바닐라 크레프를 만드는 순서	확인
1	노른자+설탕	노른자+ 설탕 섞기는 스테인리스 볼 안에 노른자를 깨 넣고 설탕을 넣고 잘 혼합한 후 사전에 물에 적셔 팽창시킨 젤라틴을 넣고 섞는다.	
2	우유 끓이기	우유 끓이기는 다른 볼에 우유와 소량의 설탕, 바닐라 스틱을 넣고 불에 올린다.	
3	우유+노른자	우유+노른자 섞기는 우유가 끓기 직전이 되면 노른자의 볼에 천천히 저어가면서 넣는다.	
4	젤라틴 섞기	젤라틴 섞기는 다시 한번 불에 올려 반죽에 끈기가 생기고 젤라틴이 완전히 녹을 때까지 가열한다.	
5	체 거르기	불에서 내려 반죽을 체로 거른다.	
6	생크림 올리기	생크림 올리기는 뜨거운 열을 식힌 후에 70% 정도 거품 올린 생크림을 합친다.	
7	제품 굳히기	제품 굳히기는 틀에 부어 넣고 냉장고에서 굳힌다.	

제 **12** 장

바바루아(영 · Bavarian Cream, 프 · Bavarois, 독 · Bayrischer Krem)란 어떻게 되는가?

제12장
바바루아(영 · Bavarian Cream, 프 · Bavarois, 독 · Bayrischer Krem)란 어떻게 되는가?

제1절 바바루아(Bavarian Cream)란 어떻게 되는가?

1. 바바루아란 어떻게 되는가?

바바루아는 과실 퓌레에 생크림, 젤라틴을 넣어 만든 것이다.

2. 바바루아의 정의, 역사, 종류는 어떻게 되는가?

바바루아의 정의는 과일에 생크림, 젤라틴을 넣은 것이다. 역사는 18세기경이며, 종류는 우유, 크림, 과일의 바바루아가 있다.

순서	제조과정	바바루아의 정의, 역사, 종류	확인
1	바바루아의 정의	바바루아의 정의는 과실 퓌레와 크림에 젤라틴과 생크림을 섞어 식힌 디저트이다.	
		바바루아는 차가운 앙트르메로서 무스, 젤리, 블랑망제와 함께 인기 있는 디저트로 바바루아를 무스라 부르는 사람도 있다.	
2	바바루아의 역사	바바루아의 역사는 독일 남부 바이엘 지방의 귀족 집에서 일했던 프랑스의 요리사가 만든 것이라고 전해져 오는 프랑스 과자이다.	
		바바루아의 기원에 대해서는 확실하지 않지만 18세기 말경 거품	

		올린 생크림을 반죽과 혼합하고 젤라틴이 들어간 냉과의 기본적인 형태가 완성된 것으로 추정된다.	
		바바루아는 19세기 초 요리사 앙트난 카렘에 의해 세상에 널리 퍼지게 되었다고 전해진다.	
3	바바루아의 종류	바바루아의 종류는 2가지 종류로 우유와 달걀, 과일퓌레와 시럽을 사용한 것이 있다.	
		우유와 달걀을 사용한 바바루아 : 바바루아·아·라·크림	
		과일 퓌레와 시럽을 사용한 바바루아 : 바바루아·오·후루이	
		전형적으로 과일의 바바루아는 시럽 대신에 우유를 사용하는 것도 있다.	
		바바루아·아·라·크림의 달걀은 보통 노른자만 사용하나, 전란을 사용해도 좋고 흰자 머랭을 넣는 배합도 있다.	

3. 바바루아의 재료는 어떻게 되는가?

바바루아의 재료는 거품 올린 생크림과 젤라틴이 기본이 되며, 다른 여러 가지 재료를 넣어서 개성적인 바바루아의 제품을 만든다.

4. 바바루아의 재료의 역할은 어떻게 되는가?

바바루아의 재료는 생크림, 젤라틴, 달걀, 시럽, 우유, 설탕, 과일, 초콜릿, 커피, 양주로 각각의 역할이 있다. 생크림은 맛, 젤라틴과 우유는 반죽을 굳히며, 달걀은 반죽에 끈기와 영양을, 시럽과 설탕은 단맛을, 과일과 양주는 향미를 내게 한다.

순서	재료명	바바루이 재료의 역할	확인
1	생크림	생크림은 거품 올려 바바루아 반죽에 혼합해 가벼움이 생기고 입안에서 잘 녹게 되며 맛을 진하게 한다.	
		생크림은 유지방분이 높은 것을 사용하여 거품을 올리지 않으며 합치는 반죽과 같은 정도의 농도가 이상적이다.	
2	젤라틴	젤라틴은 합친 반죽을 차게 하여 굳히게 하는 재료이다.	
		판 젤라틴과 분말 젤라틴이 있고 어느 쪽을 사용해도 좋다.	
		판 젤라틴(한 장 2g)의 경우 배합 때 장수로 계량하면 오차가 생기기 쉬워 저울에 계량해서 사용하는 것이 좋은 방법이다.	
		생과일을 사용할 때는 과일의 종류에 따라 키위, 파인애플, 멜론 등은 젤라	

		틴이 응고하지 않는 것은 가열하여 사용한다.
3	달걀	달걀은 바바루아 · 아 · 라 크림은 원칙으로 노른자만을 사용하는데 노른자의 레시틴은 유화작용이 있고 생크림의 이수를 방지하는 효과가 있다.
		달걀은 우유와 함께 끓이는 것에 의해 열 응고하여 반죽에 끈기를 준다.
		달걀은 거품 올린 생크림과 합치기 쉬운 농도를 만들어 낸다.
4	시럽	시럽은 바바루아 · 오 · 프루트는 과일의 퓌레나 시럽을 넣고 단맛을 낸다.
		바바루아 반죽에 열을 가열하지 않으므로 설탕을 그대로 넣으면 잘 녹지 않아 보메 30도의 시럽을 넣는다.
		보메 30도 시럽이 프랑스 과자의 기본이기 때문이며 더 높은 시럽을 사용해도 좋다.
5	우유	우유는 설탕을 녹이고 노른자를 응고시키는 사이에 중개 역할을 하는 수분이 있다.
6	설탕	설탕은 바바루아에 단맛을 주는 역할을 한다.
7	과일	과일은 퓌레에 사용하는 것이 좋으며 과일 중의 단백질 분해효소를 지닌 것도 있으므로 주의가 필요하다.
		풍미가 담백한 과일에 레몬 과즙을 소량 넣는 것에 의해 풍미를 증가시킬 수 있다.
8	초콜릿, 커피	초콜릿, 커피는 바바루아 · 아 · 라 · 크림에 여러 가지 종류가 있으나 초콜릿과 커피가 많이 사용된다.
		초콜릿은 녹인 스위트 초콜릿에 거품 올린 생크림을 합치기 직전에 반죽에 넣는다.
		커피는 반죽에 대해 1% 정도를 3배량의 커피 술, 럼주에 녹여 넣는다.
9	양주	양주는 불에 가열하지 않는 바바루아 제품의 반죽 안에 혼합시키므로 첨가량이 적어도 충분히 효과를 낼 수 있다.
		양주의 풍미를 최대한 내고 싶으면 보메 30도의 시럽과 같은 양의 비율로 섞은 것을 주사위 모양으로 자른 스펀지에 가득 적셔 그것을 바바루아 반죽에 혼합하면 된다.

제**13**장

아이싱(Icing, 프 · Glacage) 은 어떻게 되는가?

제13장

아이싱(Icing, 프 · Glacage)은 어떻게 되는가?

제1절 아이싱(Icing)은 어떻게 되는가?

1. 아이싱은 어떻게 되는가?

아이싱은 슈가파우더에 물, 흰자를 섞은 혼합물로 과자의 표면에 바른다. 아이싱 펀던트는 슈가파우더에 물을 합친 것을 피복하여 설탕 옷을 입히는 데 사용한다.

2. 아이싱의 정의, 종류는 어떻게 되는가?

아이싱의 정의는 슈가파우더에 흰자를 섞은 것으로 제품에 설탕 옷을 입힌다. 아이싱의 종류는 워터 아이싱, 로열 아이싱, 펀던트 아이싱이 있다.

순서	제조과정	아이싱의 정의, 종류	확인
1	아이싱의 정의	아이싱의 정의는 슈가파우더에 물, 흰자를 섞은 혼합물이나 과자의 표면에 펀던트를 피복하여 설탕 옷을 입히는 것이다.	
		아이싱은 프랑스어로 글라사주에 해당되며 토핑(topping) 과자, 빵 위에 장식 재료를 뿌리고 바르는 일이다.	
2	아이싱의 종류	아이싱의 종류는 워터 아이싱, 로열 아이싱, 펀던트 아이싱, 초콜릿 아이싱이 있다.	

워터 아이싱	워터 아이싱(Water icing)은 케이크나 스위트롤 등의 표면에 바르는 투명한 아이싱이다.	
로열 아이싱	로열 아이싱(Royal icing)은 웨딩케이크나 크리스마스 케이크에 고급스러운 순백색의 장식을 위해 사용하는 새하얀 아이싱이다.	
펀던트 아이싱	펀던트 아이싱은 흰자와 머랭, 가루를 슈가파우더와 섞고 여기에 색소, 향료, 아세트산 등을 더한다.	
	펀던트 아이싱은 설탕을 끓인 시럽을 교반하여 설탕을 부분적으로 결정시켜 희고 뿌연 상태로 만든 아이싱이다.	

3. 아이싱의 반죽의 배합표

순서	아이싱의 종류	배합재료(%)		배합량(g)		확인
1	워터 아이싱	설탕 480g		물	150g	
2	로열 아이싱	흰자 4~5개 분량 (150~160g)		슈가파우더 900g		
				빙초산	5방울	
3	펀던트 아이싱	설탕 100%		물	20~30%	
		물 20~30%				

4. 아이싱을 만드는 순서는 어떻게 되는가?

아이싱을 만드는 순서는 슈가파우더에 흰자를 섞어 만들거나 시럽을 결정화하여 만든다. 아이싱의 종류는 워터 아이싱, 로열 아이싱, 펀던트 아이싱이 있다.

순서	아이싱의 종류	아이싱을 만드는 순서	확인
1	워터 아이싱 만들기	워터 아이싱 만들기는 냄비에 설탕과 물을 녹이고 불에 올려 졸인다.	
		불에서 내려 포도당 60g을 더하고 저으면서 식힌 다음, 슈가파우더를 넣으면서 원하는 굳기로 마무리한다.	
		이것은 펀던트 대용으로 롤이나 케이크가 식기 전에 바른다.	
2	로열 아이싱 만들기	로열 아이싱은 흰자를 볼에 넣고 슈가파우더 1/2분량을 더해 섞는다.	
		흰자에 나머지 설탕을 넣고 저으면서 빙초산을 떨어뜨린 다음, 아이싱을 나무 주걱으로 5분간 젓는다.	
		짤 주머니에 채워 짜내는 아이싱은 단단하게 만든다.	
		케이크 전체에 부드럽게 만든다.(흰자 대신 머랭 가루를 사용할 때	

		에는 머랭을 물에 녹여 설탕 1/3분량을 더해 젓는다.)	
		끝으로 나머지 설탕을 조금씩 더해가면서 마무리한다.	
3	펀던트 아이싱 만들기	펀던트 아이싱 만들기는 냄비에 물에 설탕을 넣고 저으면 녹는다.	
		그 양이 일정량에 달하면 더 이상 녹지 않고 밑에 가라앉는데 이 용액에 열을 가하면 녹지 않고 침전해 있던 설탕이 녹는다.	
		설탕 100%에 물 20%를 더해 불에 올리고 온도를 115℃까지 높인다음, 끓인 설탕 시럽을 40℃ 급냉시켜 저어준다.	
		시럽을 저어주는 충격만으로 결정이 만들어진다.	

5. 아이싱의 주재료 사용 시 주의할 점은 어떻게 되는가?

아이싱의 주재료는 설탕과 흰자이며, 사용 시 주의할 점은 끓이는 온도이다.

순서	재료명	아이싱을 사용 시 주의점	확인
1	아이싱의 재료	아이싱의 재료는 설탕과 흰자이며 여러 가지 첨가물이 사용된다.	
2	아이싱 사용 시 주의점	아이싱 사용 시 주의점은 43℃로 중탕하여 사용한다.	
		아이싱을 부드럽게 할 때는 설탕 시럽을 사용한다. (물 사용하면 크림이 부서진다).	
		아이싱의 안정제는 젤라틴, 한천, 펩틴을 사용하며, 전분, 밀가루 등은 흡수제 사용한다.	
		마쉬멜로 아이싱은 113~114℃ 끓인 설탕 시럽을 흰자를 거품 올리면서 넣어 만든 아이싱이며, 소금은 방향의 재료로 사용한다.	

제**14**장

크림류(영 · Creme,
독 · Krem)는
어떻게 되는가?

제**14**장

크림류(영 · Creme, 독 · Krem)는 어떻게 되는가?

제1절 크림류(Creme)는 어떻게 되는가?

1. 크림류는 어떻게 되는가?

크림류는 반죽류와 함께 사용하여 과자를 구성하는 요소이다.

2. 크림류의 종류는 무엇이 있는가?

크림류의 종류는 버터크림, 생크림, 커스터드 크림, 아몬드 크림, 가나슈 크림이 있다.

거품을 올리는 크림은 생크림, 아몬드 크림, 프랑지판 크림, 무슬린 크림이 있다.

달걀에 설탕과 우유를 사용한 앙글레즈 크림, 파티시에르 크림, 버터크림, 사바용 크림이 있다. 가벼운 크림은 생크림, 펀던트 크림, 생토노레 크림이 있다.

크림류는 보존력이 약하므로 보존할 때에는 뚜껑을 덮어 냉장고에 넣어둔다.

3. 크림의 정의와 기본 크림은 무엇이 있는가?

크림의 정의는 과자를 구성하는 중요한 요소이다. 기본 크림은 버터크림, 생크림,

커스터드 크림, 가나슈 크림, 아몬드 크림, 머랭 크림, 앙글레즈 크림 등 7가지의 기본 크림이 있다.

순서	제조과정	크림의 정의와 기본 크림, 응용크림	확인
1	크림의 정의	크림의 정의는 단독으로 사용하지 않고, 다른 반죽류와 함께 사용하며 과자를 구성하는 요소로서 중요한 위치를 차지한다.	
		기본의 크림은 7가지 크림과 4개의 응용 크림에 섞어서 크림을 만들며, 각각의 특징을 응용할 수 있어 과자 만드는 즐거움이 생기며 응용하면 여러 가지 크림을 만들 수 있다.	
2	기본의 크림 (7가지)	기본의 크림은 7가지는 버터크림, 생크림, 커스터드 크림, 아몬드 크림, 가나슈 크림, 머랭 크림 앙글레즈 크림이다.	
		버터크림은 버터를 거품 올린 크림이다.	
		생크림은 생크림을 거품 올린 크림이다.	
		커스터드 크림은 끓이는 크림이다.	
		아몬드 크림은 아몬드, 슈가파우더, 버터, 달걀을 첨가한 크림이다.	
		가나슈 크림은 생크림을 끓여 초콜릿을 녹인 크림이다.	
		머랭 크림은 달걀흰자에 설탕을 넣고 거품 올린 크림이다.	
		앙글레즈 크림은 노른자에 설탕을 넣고 끓인 크림이다.	
3	응용의 크림 (4가지)	응용의 크림 4가지는 샹티 초콜릿, 무슬린 크림, 디플로마 크림, 크림 프랑지판 크림이 있다.	
		샹티 초콜릿은 거품 올린 생크림 + 초콜릿 넣은 크림이다.	
		무슬린 크림은 커스터드 크림에 버터크림을 합친 크림이다.	
		디플로마 크림은 커스터드 크림에 거품 올린 생크림을 넣은 크림이다.	
		프랑지판 크림은 아몬드 크림에 커스터드 크림을 합친 크림이다.	
4	거품 올리는 크림	거품을 올리는 크림은 생크림, 아몬드 크림, 프랑지판 크림, 무슬린 크림 4가지가 있다.	
5	달걀+ 설탕+ 우유 사용 크림	달걀에 설탕을 넣고 거품 올리고 우유를 끓여 넣는 크림은 앙글레즈 크림, 커스터드 크림, 버터크림, 사바용 크림의 4가지가 있다.	
6	가벼운 크림	가벼운 크림은 생크림, 펀던트 크림, 생토노레 크림 3가지가 있다.	

4. 크림의 종류와 특징은 어떻게 되는가?

크림의 종류는 버터크림, 생크림, 아몬드 크림, 마롱 크림, 커스터드 크림, 가나슈

크림, 무스 크림, 무슬린 크림, 디플로마 크림, 프랑지판, 바닐라 크림, 사바용 크림, 앙글레즈 크림 등 약 13가지 정도가 있으며 각각의 특징이 있다.

순서	크림의 종류	각종 크림의 정의와 만드는 순서	확인
1	생크림	생크림은 우유를 원심분리기로 비중이 가벼운 유지방을 분리하여, 지방량을 조정하여 살균, 충전한 것, 유지방분이 30% 이상으로 신선한 크림이다.	
		생크림은 주성분인 유지방 함유량은 나라에 따라 조금씩 다르며, 한국의 생크림은 유지방 18% 이상인 크림이다.	
		휘핑크림은 크림류 그대로 단독으로 사용되는 것이 적고 다른 것이 기본이 되는 반죽류와 함께 사용되어 여러 가지 과자를 만든다.	
		초콜릿 크림은 거품 올린 생크림+초콜릿을 섞은 것으로 초콜릿 무스로 생크림과 초콜릿을 조합한 가벼운 크림이다.	
2	버터크림	버터크림의 정의는 버터에 설탕, 달걀을 더해 만든 크림으로 부드러운 식감을 주며 술, 초콜릿, 프랄리네 등과 잘 조화되는 뛰어난 크림이다.	
		버터크림의 특징은 과자 크림류 중에서 제일 많이 사용하는 것이 버터크림으로 케이크 장식용, 충전용으로 사용된다.	
		버터크림은 버터 자체의 좋은 풍미와 풍부하고 진한 맛을 넣고 거품 올려 다른 재료와 혼합하여 한층 맛이 좋아지고 입안에서 잘 녹는 좋은 크림이 만들어진다.	
		버터크림 가운데 단순한 것은 설탕이나 시럽, 펀던트 등 단맛을 내어 거품 올린 것이 있으나 현재에는 거의 사용하지 않으며, 달걀을 넣은 것이 주류이다.	
		달걀을 사용하는 버터크림은 달걀을 넣는 것, 노른자를 넣는 것, 흰자를 넣는 것 세 종류로 분류된다.	
3	아몬드 크림	아몬드 크림은 아몬드와 설탕, 유지, 달걀을 크림상으로 합친 것으로 설탕 과자 반죽으로 넓은 의미에서 사용되고 있으며, 종류는 제법에 따라 프랑스풍과 독일풍이 있다	
		아몬드 크림은 1506년 프랑스의 올레아네 지방 로왈의 피티비에시에 살았던 프로방세엘이라는 제과 기술자가 처음 만들었다고 하며, 그는 이 크림으로 시의 이름을 따온 피티비에라는 과자를 만들었고 반드시 구워서 먹는 크림이다.	
		아몬드 100%에 대해 설탕 200%의 비율이며 과자의 반죽에 넣어 굽는 경우는 100%대 100%의 비율로 한다.	
4	마롱 크림	마롱 크림은 밤 퓌레와 버터를 혼합한 크림으로, 타르틀레트나 프티블, 몽블랑 같은 프티 가토에 넣는다든지 장식하며 향을 내기 위해서는 럼주 등을 사용한다.	

5	커스터드 크림	커스터드 크림은 영국에서 생겨났으며 독일은 바닐레 크렘(vanille krem), 영국은 커스터드 크림(custard creme), 페이스트리 크림(pastri creme)이라 부르고 있다.
		커스터드 크림은 우유, 설탕, 노른자, 밀가루, 전분 등으로 만들어 상당히 신선하고 입안에서 부드럽고 미끈미끈한 식감을 사람들이 좋아한다.
		끓이는 크림의 종류는 파티시에 크림, 프랑지판 크림(크렘·오·시트론), 로란쥬크림, 블랑크림, 생토노렌크림, 시브스트 크림이 6가지가 있다.
		커스터드(Custard) 정의는 본래 크리스타드(Crustard)라고 하고 프랑스 요리의 크리스타드(Croustade) 파이 반죽이나 빵 껍질로 만들어 틀에 필링을 넣은 요리의 어원과 같으며, 빵이나 과자의 껍질을 나타내는 크라스트(crust, 껍질)와 어원이 같다.
		커스터드 역사는 본래 우유와 설탕으로 만든 반죽을 접시에 넣고 오븐에 구운 소박한 과자에서 커스터드 푸딩이 만들어졌고 커스터드 소스가 생겨났으며 드디어 커스터드 크림이 만들어진 것이다.
6	가나슈 크림	가나슈 크림의 정의는 초콜릿에 생크림을 넣어 만든 크림이며, 가나슈(Ganache)란 프랑스어로 '멍청한 사람'의 의미이다.
		가나슈 크림은 혀끝에 느낌이 좋고 특이한 풍미가 있다. 용도는 스펀지 사이에 끼워 넣든지 코팅에 사용하며 설탕 과자나 초콜릿 과자(봉봉·오·쇼콜라)의 중심 내용물 등에 많이 사용되는 기본적인 크림이다.
		가나슈는 생크림을 사용하고 있으므로 발효하기 쉽고 보존성이 나빠 보존성을 좋게 하기 위해 생크림을 반드시 끓인다.
		가나슈 크림에 럼주나 브랜디, 리큐르 술로 향을 내든지 버터를 넣어 진한 맛을 내게 하는 것도 있다.
		가나슈는 생크림과 쿠베르튀르 초콜릿으로 만들어지는 지방분이 많은 초콜릿 크림의 일종으로 이 크림의 정도, 경도, 상태는 넣는 쿠베르튀르에 있어서 본질적인 역할을 나타내는 요소가 되어 이 지방분에 의해 부드럽고 광택이 있는 감촉을 만들 수 있다.
		가나슈를 만드는 기본이 되는 것은 생크림으로 쿠베르튀르(초콜릿)의 양에 따라 경도는 변화하며, 일반으로 프랄리네용의 가나슈의 배합은 1:2로 되어있다.
		중간 가나슈는 생크림(100g):쿠베르튀르(200g)의 비율을 나타내고 있으며 가나슈는 가공하기 쉽고 부드러우며 향기도 잘 맞고 부드럽다.
		가나슈 크림은 초콜릿과 생크림으로 만드는 농후한 크림으로 그 용도는 다음과 같다.
		가나슈 크림은 스펀지 및 버터케이크의 필링 코팅용, 프랄리네, 초콜릿의 중심 내용물용, 쿠키의 샌드용으로 사용한다.

		가나슈 크림 종류는 여러 종류의 초콜릿이 사용되며 배합도 여러 가지이고 생크림과 초콜릿이 동량인 것이 기준이며, 초콜릿이 많을수록 가나슈 크림은 딱딱하게 되고 적으면 부드럽게 된다.
		코팅용 가나슈 크림은 다소 부드러운 것을, 프랄리네용은 생크림과 초콜릿이 1:2 정도 딱딱한 것을 사용한다.
		가나슈 크림은 양주, 넛류, 향 등 여러 가지 풍미를 낼 수 있다.
		가나슈 크림의 제법은 끓인 생크림의 안에 잘게 자른 초콜릿을 넣고 녹이는 방법이 일반적이다
7	무스크림	무스(Mousse)는 프랑스어로 '거품', '기포'의 의미로, 무스크림은 흰자를 거품 올린 것이나 생크림을 거품 올린 것을 넣어 먹을 때 부드럽고 가벼운 크림이며, 부드러운 퓌레 상태로 만든 재료에 거품 낸 생크림 또는 흰자를 더해 가볍게 부풀린 크림이다.
		무스의 종류는 버터크림 상태로 한 이탈리안 머랭을 섞어 합친 버터무스가 있으며, 맛의 변화를 주는 과일, 형태를 위해 젤라틴을 사용한다.
		무스에 사용하는 과일 중 가열할 필요가 없는 것은 오렌지, 딸기, 서양배, 사과, 자두, 복숭아, 산딸기 등이며, 가열해야 하는 것은 생 파인애플, 멜론, 큐이, 프루트, 파파야, 무화과이다.
8	무슬린 크림	무슬린 크림은 버터크림과 커스터드 크림을 혼합 비율은 50%씩 균일하게 섞어 부드럽고 과일의 산미가 조화되어 있다.
		무슬린 크림은 기호에 따라 과일을 넣는 경우 버터크림은 딱딱하므로 끈적끈적한 커스터드 크림이 좋다.
		무슬린 크림은 과일의 산미를 조화해 맛을 내며 과일과 함께 반죽에 넣는다.
9	디플로마 크림	디플로마 크림(Cream diplomate)은 커스터드 크림에 거품 올린 생크림을 합친 것으로, 커스터드 크림 100%(300g)에 생크림 160%(180g)을 혼합해 만든다.
		커스터드 크림의 정도를 성형도를 높이는 데 좋으며 과자에 생크림이 많이 쓸 때 파이 등에 잘 쓰인다.
10	프랑지판 크림	프랑지판 크림은 아몬드 크림과 커스터드 크림을 합친 크림으로, 과자는 축축하고 부드러운 풍미가 특징이다.
11	바닐라 크림	바닐라 크림은 독일 과자의 기본적인 크림의 한 가지로 프랑스어로는 크림 파티시에르로 거의 비슷하다.
		바닐라 크림은 크림 커스타드 크림과 재료나 배합도 비슷하며, 불에 올려 만들며, 바닐라 크림은 전 재료를 냄비에 넣고 불에 올리는데 커스타드 크림는 몇 번으로 나누어서 재료를 합쳐 불에 올린다.
12	사바용 크림	사바용 크림은 노른자와 설탕을 중탕하면서 거품을 내고 백포도주를

		더한 크림으로 소스 사바용이라고 하며, 포도주 대신 리큐르, 샴페인, 생크림 등을 사용하기도 한다.
		사바용은 이탈리아의 자바이오네(Zabaione), 자발리오네(Zabaglivne)에서 유래했으며, 종류는 온제 크림과 냉제 크림이 있다. 백포도주를 넣은 크림은 온제 크림에, 생크림을 넣은 것은 냉제 크림으로 사용한다.
13	앙글레즈 크림	앙글레즈 크림은 우유, 달걀, 설탕을 섞어 가열한 크림으로 커스터드 소스, 소스 앙글레즈라 하며, 바바루아, 푸딩 케이크는 물론 디저트 소스에 이용한다.
		앙글레즈 크림 중 바닐라 맛의 많이 사용되며, 버터, 초콜릿, 커피, 리큐르 등을 넣어 맛이 변화기도 한다.

제2절 생크림(Fresh Cream)은 어떻게 되는가?

1. 생크림은 어떻게 되는가?

생크림은 우유를 원심분리기로 유지방을 분리하여 유지방분이 30% 이상으로 거품 올려 사용하는 크림이다.

2. 생크림의 배합표

순서	재 료	배합 비율(%)	배합량(g)	확인
1	생크림	100	100	
2	설탕	3	3	
3	바닐라 에센스	0.5	0.5	
4	양주	5	5	
합계	-	108.5%	108.5g	

3. 생크림 만들기의 순서는 어떻게 되는가?

생크림 만들기의 순서는 볼에 생크림과 설탕을 넣고 거품을 올린다.

순서	제조과정	생크림의 만들기 순서	확인
1	생크림+설탕 거품 올리기	생크림 거품 올리기는 볼에 생크림과 설탕을 넣어 얼음이 담긴 다른 볼에 올려놓고 거품기로 볼의 밑 부분이 닿아서 부딪히지 않도록 거품 올린다.	
		생크림이 가벼운 각이 생길 정도까지 거품 올려 나중에 사용할 때 용도에 맞게 거품 올리는 것을 조절한다.	
2	향료, 양주 첨가	향료나 양주를 넣는 경우 크림이 완전히 거품 오르기 전에 넣어 섞는다.	
3	배합 사항	무스나 바바루아, 쟈네 크림 등을 섞는 생크림은 설탕을 넣지 않고 거품 올린 생크림이 많이 사용되며, 설탕은 8~10% 정도 넣어서 거품 올린다.	
		배합 사항은 생크림은 설탕을 12~15%, 과일 퓌레는 20~30%, 인스턴트 커피 5%, 양주를 2~8%를 넣는다.	

4. 초콜릿 생크림(Cream chantilly au chocolat. 거품 올린 생크림+초콜릿)은 어떻게 되는가?

초콜릿 생크림은 생크림에 초콜릿을 녹여 넣어 만든 크림이다.

1) 초콜릿 생크림의 배합표

순서	재 료	배합 비율(%)	배합량(g)	확인
1	생크림	100	100	
2	설탕	5	5	
3	바닐라 에센스	0.5	0.5	
4	양주	5	5	
5	초콜릿	20	20	
합계	-	130.5%	130.5g	

2) 초콜릿 생크림을 만드는 순서는 어떻게 되는가?

초콜릿 생크림을 만드는 순서는 생크림 거품 올리기, 초콜릿 섞기이다.

순서	제조과정	초콜릿 생크림을 만드는 순서	확인
1	생크림 거품 올리기	생크림 거품 올리기는 볼에 생크림과 설탕을 넣어 얼음이 담긴 다른 볼에 올려놓고 거품기로 볼의 밑 부분이 닿아서 부딪히지 않도록 거품 올린다.	
		생크림이 가벼운 각이 생길 정도까지 거품 올려 나중에 사용할 때 용도에 맞게 거품 올리는 것을 조절한다.	
		※ 향료나 양주를 넣는 경우엔 생크림이 완전히 거품 오르기 전에 넣어 섞는다.	
		무스나 바바루아에 섞는 생크림은 설탕을 넣지 않고 거품 올린 생크림(크렘·퓌테)이 많이 사용된다.	
2	초콜릿 섞기	초콜릿 섞기는 초콜릿을 중탕하여 생크림에 넣고 섞는다.	

3) 초콜릿 생크림의 배합표

순서	재 료	배합 비율(%)	배합량(g)	확인
1	생크림	100	100	
2	초콜릿	62	62	
3	바닐라 에센스	0.5	0.5	
4	양주	5	5	
합계	-	167.5%	167.5g	

4) 초콜릿 생크림을 만드는 순서는 어떻게 되는가?

초콜릿 생크림을 만드는 순서는 생크림 거품 올리기, 초콜릿 녹이기, 생크림과 초콜릿 혼합하기가 있다.

순서	제조과정	초콜릿 생크림을 만드는 순서	확인
1	생크림 거품 올리기	생크림 거품 올리기는 설탕을 넣고 생크림을 50~60% 정도 올린다.	
2	초콜릿 녹이기	초콜릿 녹이기는 초콜릿을 중탕해 45℃까지 데워 녹인다.	
3	생크림+ 초콜릿 섞기	생크림에 녹인 초콜릿을 한꺼번에 넣고 재빨리 섞는다.	
		녹인 초콜릿을 차가운 생크림에 넣기 때문에 초콜릿이 수축하는 것은 당연하다.	
		생크림은 얼음물에 적셔 거품 올린 후 볼에 옮겨 초콜릿은 45℃까지 데우는 것이 분리하지 않는 요령으로, 생크림에 따뜻한 초콜릿을 한번에 섞는데, 조금씩 섞으면 덩어리가 생겨 초콜릿 온도도 낮아진다.	
		초콜릿 농도와 맞는 생크림을 연하게 해두는 것이 섞기 쉽게 하는 요령이다.	

제3절 버터크림(Butter Cream)은 어떻게 되는가?

1. 버터크림은 어떻게 되는가?

버터크림은 버터에 설탕과 달걀을 넣고 거품 올려 만드는 크림이다.

2. 버터크림의 종류는 무엇이 있는가?

버터크림의 종류는 전란을 사용한 버터크림, 노른자를 사용한 버터크림, 흰자를 사용한 버터크림, 기타의 버터크림이 있다.

순서	버터크림의 종류	버터크림 정의와 만드는 순서	확인
1	전란을 사용한 버터크림	전란을 사용한 버터크림은 전란에 설탕을 열을 가하면서 거품 올려 차갑게 될 때까지 거품 올리는 것을 계속한다.	
		전란을 사용한 버터크림은 몇 가지 제조공정이 있는데 하나는 달걀에 설탕을 넣고 중탕하여 거품을 올리고 그것에 버터를 넣고 거품을 올린다.	
		다른 방법은 달걀에 뜨거운 시럽을 넣고 거품 올려 그것과 버터로 합쳐 거품을 올린 것이다.	
		시럽을 넣은 것은 기공이 가늘게 되므로 버터와 합쳐 거품 올릴 때 부피가 나오기 어렵고 또한 수분이 많게 되므로 버터크림은 조금 무겁게 된다.	
		버터크림의 기포가 튼튼하면 짤 때 모양이 잘 나오고 보존이 좋다.	
2	노른자를 사용한 버터크림	노른자를 사용한 버터크림은 노른자에 뜨거운 시럽을 부어가면서 거품을 올린 후 여기에 버터를 합쳐 거품을 올린다.	
		노른자의 가열 목적은 부패를 방지하기 위한 것으로 생 노른자를 넣는 것보다 훨씬 보존이 좋아진다.	
		노른자는 유화작용이 있는 레시틴이 들어있으므로 달걀의 성분 중에는 버터와 제일 친화성을 나타내지만 거품성이 좋지 않으므로 부피가 나오지 않으므로 무겁고 농후한 맛의 버터크림이 된다	
		⑦ 버터 + 파타 홈부(노른자 + 설탕 시럽액) 뜨거운 설탕 시럽액을 노른자에 넣어가면서 거품을 올리는 것으로 농후한 맛이 특징이다.	

		앙글레즈 크림은 버터에 앙글레즈 소스를 사용하며 이 크림 자체에 맛이 없으므로 바닐라 레몬을 넣어 맛을 내는 경우가 많다.	
		무슬린 크림은 커스터드 크림을 끓여 차게 한 것에 버터를 넣어 거품 올린 것으로 수분이 들어있어 가볍게 느껴지며, 보관이 좋은 버터크림을 만들려면 쇼트닝에 설탕을 사용하면 좋다.	
3	흰자를 사용한 버터크림	흰자를 사용한 버터크림은 이탈리안 머랭과 버터를 합쳐 거품을 올리므로 흰자의 뛰어난 거품성에 의해 부피가 있는 버터크림이 된다.	
		흰자를 사용한 버터크림은 색도가 흰색에 가까우므로 적색, 자색 계통 이외의 색채를 내고 싶을 때 적합하다.	
		이탈리아 머랭의 방법으로 거품 올린 흰자에 뜨거운 설탕 시럽을 넣어가면서 거품 올린 것으로 다른 버터크림에 비해서 가볍고 담백한 맛이 되며, 노른자가 들어가지 않으므로 더운 계절에 적합하다.	
4	기타의 버터크림	기타의 버터크림은 버터크림에 다른 크림을 합치거나 누가, 프랄리네, 캐러멜과 합친 것 등 여러 종류의 크림이 있다.	

3. 전란을 사용한 버터크림의 배합표

순서	재 료	배합 비율(%)	배합량(g)	확인
1	버터	50	50	
2	버터(쇼트닝)	50	50	
3	설탕	50	50	
4	달걀	50	50	
5	바닐라 에센스	0.5	5	
6	양주	10	10	
합계	-	210.5%	210.5g	

4. 전란을 사용한 버터크림을 만드는 순서는 어떻게 되는가?

전란을 사용한 버터크림을 만드는 순서는 달걀 중탕하기, 시럽 만들기, 달걀 거품 올리기, 시럽 섞기, 버터 섞기가 있다.

순서	제조과정	전란을 사용한 버터크림을 만드는 순서	확인
1	달걀 중탕하기	달걀 중탕하기는 볼에 달걀, 설탕 넣어 43℃로 중탕해서 거품을 올린다.	
2	시럽 만들기	시럽 만들기는 설탕, 물엿, 물을 넣고 만든다.	
3	달걀 거품 올리기	달걀 거품 올리기는 거품기(믹서)를 사용하여 올린다.	
4	시럽 섞기	시럽 섞기는 거품 올린 달걀에 116℃로 끓인 시럽을 조금씩 첨가한다.	
5	버터 섞기	버터 섞기는 거품을 올려 시럽을 넣은 것에 저어 둔 버터를 넣고 섞는다.	
6	설탕 결정방지	설탕 결정방지는 설탕 사용량의 15%의 물엿을 넣어 시럽의 결정을 방지한다.	

5. 노른자를 사용한 버터크림 배합표

순서	재 료	배합 비율(%)	배합량(g)	확인
1	노른자	30	30	
2	노른자 설탕 A	10	10	
3	시럽 설탕 B	40	40	
4	물	13	13	
5	버터	50	50	
6	버터(쇼트닝)	50	50	
합계	-	193%	193g	

6. 노른자를 사용한 버터크림을 만드는 순서는 어떻게 되는가?

노른자를 사용한 버터크림을 만드는 순서는 시럽 끓이기, 노른자 거품 올리기, 흰자 거품 올리기, 흰자 시럽 섞기, 버터+노른자+흰자 섞기가 있다.

순서	제조과정	노른자를 사용한 버터크림 만드는 순서	확인
1	시럽 끓이기	시럽 끓이기는 설탕 B와 물을 불에 올려 112~115℃까지 끓여 졸인다.	
2	노른자 거품 올리기	노른자 거품 올리기는 노른자에 설탕 A를 넣고 거품 올린다.	
3	흰자 거품 올리기	흰자 거품 올리기는 흰자에 설탕을 넣고 거품을 올린다.	
4	흰자 시럽 섞기	흰자 시럽 섞기는 거품 올린 흰자에 끓여 졸인 시럽을 실 상태로 부어 넣어 뜨거운 열이 빠질 때까지 저어주는 것을 계속한다.	
5	버터+노른자+흰자 섞기	버터+노른자에 거품 올린 흰자를 넣고 잘 합치며, 노른자를 사용한 버터크림은 부피가 불어나지 않고 맛도 농후하다.	

7. 흰자를 사용한 버터크림의 배합표

순서	재료	배합 비율(%)	배합량(g)	확인
1	흰자	37	37	
2	흰자 설탕 A	13	13	
3	시럽 설탕 B	85	85	
4	물	26	26	
5	버터	100	100	
합계	-	261%	261g	

8. 흰자를 사용한 버터크림을 만드는 순서는 어떻게 되는가?

흰자를 사용한 버터크림을 만드는 순서는 흰자 거품 올리기, 시럽 끓이기, 이탈리안 머랭 만들기, 버터 섞기이다.

순서	제조과정	흰자를 사용한 버터크림 만드는 순서	확인
1	흰자 거품 올리기	흰자 거품 올리기는 흰자에 설탕 A를 넣고 흰자의 거품을 올린다.	
2	시럽 끓이기	시럽 끓이기는 어느 정도 거품이 오르면 설탕 B와 물을 117℃까지 끓여 졸인 시럽을 끓여 만든다.	
3	이탈리안 머랭 만들기	이탈리안 머랭 만들기는 118℃로 끓인 시럽을 흰자를 거품 올린 볼에 실 상태로 부어 넣고 튼튼한 이탈리안 머랭을 만든다.	
4	버터+시럽 혼합하기	버터+시럽 혼합하기는 이탈리안 머랭에 거품 올린 버터와 시럽을 가볍게 합친다.	

9. 이탈리안 버터크림의 배합표

순서	재 료	배합 비율(%)	배합량(g)	확인
1	흰자	30	30	
2	흰자 설탕 A	8	8	
3	시럽 설탕 B	33	33	
4	물	11	11	
5	버터	60	60	
6	버터(쇼트닝)	40	40	
합계	-	182%	182g	

10. 이탈리안 버터크림을 만드는 순서는 어떻게 되는가?

이탈리안 버터크림을 만드는 순서는 달걀 분리하기, 노른자 거품 올리기, 흰자 거품 올리기, 버터 거품 올리기, 노른자 + 이탈리안 머랭 섞기, 이탈리안 머랭 섞기, 버터 섞기이다.

순서	제조과정	이탈리안 버터크림을 만드는 순서	확인
1	달걀 분리하기	달걀 분리하기는 달걀을 흰자와 노른자로 나누어 분리한다.	
2	노른자 거품 올리기	노른자 거품 올리기는 달걀노른자에 설탕을 넣고 거품을 올린다.	
3	흰자 거품 올리기	흰자 거품 올리기는 볼에 흰자를 넣고 거품을 올린다.	
		물 11g에 설탕 33g을 냄비에 넣고 125℃까지 끓여 졸인 시럽을 만든다.	
		거품 올린 흰자에 125℃로 끓인 시럽을 실 모양으로 가늘게 부어 가면서 믹싱 볼에 넣고 고속으로 믹싱하여 이탈리안 머랭을 만든다.	
4	버터 거품 올리기	버터 거품 올리기는 버터가 부드럽고 하얗게 될 때까지 거품을 올린다.	
5	노른자 + 이탈리안 머랭 섞기	노른자에 이탈리안 머랭을 1/3 정도 넣고 가볍게 섞어 합친다.	
6	이탈리안 머랭 섞기	남은 이탈리안 머랭을 넣고 나무 주걱으로 머랭의 거품이 죽지 않도록 주의하면서 전체를 골고루 섞어 혼합한다.	
7	버터 섞기	버터 섞기는 거품을 올린 버터에 이탈리안 머랭 + 노른자에 넣고 섞는다.	

11. 이탈리안 버터크림의 장점은 어떻게 되는가?

이탈리안 버터크림의 장점은 부피가 크고 보존성이 좋다.

순서	제조과정	이탈리안 버터크림의 장점	확인
1	흰자를 사용한 이탈리안 버터크림	흰자를 사용한 이탈리안 버터크림은 노른자가 들어가지 않고, 뜨거운 시럽으로 흰자를 열처리해 다른 크림보다는 보존성이 좋다.	
		이탈리안 버터크림은 부피가 있고, 담백한(산뜻한) 맛이 나오므로 양주의 효과가 나오기 쉽고, 과일이 잘 조화되며 착색 효과가 좋다.	
		흰자와 설탕을 거품 올린 머랭을 만들어 그 안에 118℃로 끓인 시럽을 섞어서 이탈리안 머랭을 만든다.	
		다른 볼에 버터와 쇼트닝을 섞어서 차게 된 이탈리안 머랭과 섞는다.	

12. 캐러멜을 사용한 버터크림의 배합표

순서	재 료	배합 비율(%)	배합량(g)	확인
1	설탕	100	100	
2	생크림	60	60	
3	버터	100	100	
합계	-	260%	260g	

13. 캐러멜을 사용한 버터크림을 만드는 순서는 어떻게 되는가?

캐러멜을 사용한 버터크림을 만드는 순서는 캐러멜 만들기, 생크림 만들기, 캐러멜+생크림 섞기, 체로 거르기, 버터에 캐러멜 섞기이다.

순서	제조과정	캐러멜을 사용한 버터크림을 만드는 순서	확인
1	캐러멜 만들기	캐러멜 만들기는 동 냄비를 불에 올리고 설탕을 조금씩 넣어가면서 녹여 캐러멜 색깔이 되게 만든다.	
2	생크림 만들기	생크림 만들기는 생크림의 거품을 올린다.	
3	캐러멜+ 생크림 섞기	캐러멜+생크림 섞기는 캐러멜 안에 생크림을 조금씩 넣고 잘 혼합한다.	
4	체로 거르기	체로 거르기는 생크림을 한번 체로 걸러 식힌다.	
5	버터+ 캐러멜 섞기	버터+ 캐러멜 섞기는 거품 올린 버터에 캐러멜을 넣고 잘 합쳐 섞어 혼합한다.	

제4절 커스터드 크림(Custard Cream)은 어떻게 되는가?

1. 커스터드 크림은 어떻게 되는가?

커스터드 크림은 우유, 설탕, 노른자, 박력분, 전분 등으로 끓여 만들어 상당히 신선하며 입안에서 부드럽고 매끈매끈한 크림이다.

2. 커스터드 크림의 배합표

순서	재 료	배합 비율(%)	배합량(g)	확인
1	우유	100	100	
2	설탕	20	20	
3	노른자	20	20	
4	박력분	4	4	
5	전분	4	4	
6	바닐라 빈스	0.5	0.5	
7	오렌지 큐라소 술	0.5	0.5	
합계	-	149%	149g	

3. 커스터드 크림을 만드는 순서는 어떻게 되는가?

커스터드 크림을 만드는 순서는 우유 끓이기, 달걀, 전분을 섞고 체질하여 끓이기, 식히기, 바닐라, 양주 첨가가 있다.

순서	제조과정	커스터드 크림을 만드는 순서	확인
1	우유 끓이기	우유 끓이기는 냄비에 우유를 넣고 설탕양의 1/3과 바닐라 스틱을 갈라서 넣고 불에 올려 80℃까지 가열한다.	
2	달걀, 박력분, 전분 섞기	달걀, 박력분, 전분 섞기는 다른 용기에 달걀, 박력분, 전분, 일부 우유를 넣고 잘 혼합한다.	
3	우유 다시 끓이기	우유 다시 끓이기는 끓인 우유를 달걀 액에 넣고 섞은 후 체로 거른 다음, 다시 불에 올려 80℃ 정도의 크림 상태로 끓인다.	

4	커스터드 크림 재료의 배합 관계	커스터드 크림의 재료 배합 관계는 설탕은 우유에 대해 8~10% 정도가 기준이며, 설탕이 많으면 크림은 딱딱해진다.
		커스터드 크림은 설탕 사용량이 40%가 넘으면 단맛이 강하게 느껴지고 또 20%보다 적게 되면 보존성이 나빠진다.
		커스터드 크림에 노른자가 많을수록 맛이 좋은 고급의 커스터드 크림이 된다.
		커스터드 크림이 완전살균되지 않으면 잡균이 번식할 염려가 있는데 커스터드는 수분을 다량 함유하고 달걀 등 영양가도 풍부하므로 부패하기 쉬운 크림이다.
5	크림 식히기	크림 식히기는 크림이 끓으면 쟁반 등에 부어 얇게 펼쳐 열을 빼고 크림을 식힌다.
6	바닐라, 양주 첨가	바닐라, 양주 첨가는 끓인 크림이 식으면 첨가한다.

제5절 아몬드 크림(Almond Cream)은 어떻게 되는가?

1. 아몬드 크림은 어떻게 되는가?

   아몬드 크림은 아몬드 분말, 설탕, 유지, 달걀의 4가지 재료를 같은 배합량으로 크림 상으로 합친 후 바닐라 향, 양주를 첨가한 크림이다.

2. 아몬드 크림의 배합표

순서	재 료	배합 비율(%)	배합량(g)	확인
1	버터	100	100	
2	설탕	100	100	
3	달걀	100	100	
4	아몬드 분말	100	100	
5	바닐라 에센스	0.5	0.5	
6	럼주(양주)	10	10	
합계	-	410.5%	410.5g	

3. 아몬드 크림을 만드는 순서는 어떻게 되는가?

   아몬드 크림을 만드는 순서는 버터에 설탕을 넣고 거품 올리기, 달걀 섞기, 아몬드 분말 섞기, 럼주를 혼합하기이다.

순서	제조과정	아몬드 크림을 만드는 순서	확인
1	버터 거품 올리기	버터 거품 올리기는 볼에 버터를 넣고 크림 상태로 해서 설탕을 2~3회 나누어 넣고 하얗게 될 때까지 저어 거품 올린다.	
2	달걀 섞기	달걀 섞기는 버터에 깨어놓은 달걀을 조금씩 넣고 섞는다.	
3	아몬드 분말 섞기	아몬드 분말 섞기는 거품 올린 버터, 달걀에 넣고 섞는다.	
4	럼주 섞기	럼주를 넣고 섞는다	
5	아몬드 크림의 배합	※ 아몬드 크림의 배합은 버터, 설탕, 달걀, 아몬드 분말의 4가지 재료가 같은 양이 기본이다.	

		아몬드 크림은 4가지 재료가 같은 배합으로 구운 후 처지는 것을 방지하기 위해서는 밀가루를 아몬드 분말로 바꾸어 넣기도 한다.
6	아몬드 크림의 용도	아몬드 크림의 용도는 바바루아나 무스크림 등 앙트르메 냉과에 들어가지만 다른 기본 반죽과 함께 조합하여 사용한다.
		아몬드 크림에 젤라틴을 넣어 크림을 단단하게 하여 케이크의 형태를 보존하며, 초콜릿, 커피, 프랄리네, 꿀, 과일, 양주를 첨가하여 맛을 낸다.

제6절 가나슈 크림(Ganache Cream)은 어떻게 되는가?

1. 가나슈 크림(Ganache)은 어떻게 되는가?

가나슈 크림은 생크림을 끓여 초콜릿을 잘게 잘라 넣은 크림이다.

2. 가나슈 크림의 배합표

순서	재 료	무거운 가나슈(%)	중간 가나슈(%)	가벼운 가나슈(%)	확인
1	초콜릿	100	100	100	
2	생크림	50	75	100	
3	양주	5	5	5	
합계	-	155%	180%	205%	

3. 가나슈 크림의 만드는 순서는 어떻게 되는가?

가나슈 크림을 만드는 순서는 초콜릿 잘게 자르기, 생크림 끓이기, 생크림에 초콜릿 섞기, 양주 섞기이다.

순서	제조과정	가나슈 크림을 만드는 순서	확인
1	초콜릿 자르기	초콜릿 자르기는 초콜릿을 작게 잘라 놓는다.	
2	생크림 끓이기	생크림 끓이기는 냄비에 생크림을 넣고 불에 올려 끓인다.	
3	초콜릿, 생크림 섞기	초콜릿, 생크림 섞기는 끓인 생크림을 불에서 내려 작게 자른 초콜릿을 넣고 거품기로 저어서 완전히 녹인다.	
4	가나슈 식히기	가나슈 식히기는 청결한 쟁반에 옮겨 식힌다.	
5	양주 섞기	양주 섞기는 초콜릿이 녹아 어느 정도 뜨거운 열이 없을 때 넣는다.	
6	가나슈 사용	가나슈 크림의 사용은 가벼운 가나슈는 스펀지케이크의 샌드나 코팅에 사용하고 생크림을 합쳐서 샹티 초콜릿으로 만들 때도 있다. 무거운 가나슈 크림은 양주나 버터를 넣어 가볍게 이겨 저어서 밀대나 둥근 형태로 짜고 잘라서 둥글게 해 봉봉 오 초콜릿의 몸체로 사용한다.	

제7절 마롱 크림(Marron Cream)은 어떻게 되는가?

1. 마롱 크림(밤)은 어떻게 되는가?

마롱 크림은 밤 퓌레 100%에 버터 50%, 생크림 50%를 합친 밤 크림이다.

2. 마롱 크림의 배합표

순서	재 료	배합 비율(%)	배합량(g)	확인
1	밤 퓌레	100	100	
2	버터	50	50	
3	생크림	50	50	
4	럼주	2	2	
합계	-	202%	202g	

3. 마롱 크림을 만드는 순서는 어떻게 되는가?

마롱 크림을 만드는 순서는 밤 퓌레에 버터, 생크림, 양주의 순서로 섞어 만든다.

순서	제조과정	마롱 크림을 만드는 순서	확인
1	밤 퓌레+버터 섞기	밤 퓌레+버터 섞기는 밤(100%)을 삶아 고운체로 걸러서 크림 상태로 만든 버터(50%)를 넣고 잘 이겨 합친다.	
2	생크림 섞기	생크림 섞기는 생크림(50%)을 거품 올려 밤 퓌레(100%)에 넣고 섞는다.	
3	럼주 섞기	럼주를 적당량 넣고 섞는다.	

제8절 바닐라 크림(Vanila Creme)은 어떻게 되는가?

1. 바닐라 크림은 어떻게 되는가?

바닐라 크림은 우유에 설탕, 달걀을 넣고 끓인 후 바닐라를 넣어 만든 크림이다.

2. 바닐라 크림의 배합표

순서	재 료	배합 비율(%)	배합량(g)	확인
1	우유	100	100	
2	설탕	24	24	
3	노른자	24	24	
4	커스터드파우더 (커스터드 크림)	8~10	8~10	
5	슈가파우더	2	2	
합계	-	158~160%	158~160g	

3. 바닐라 크림을 만드는 순서는 어떻게 되는가?

바닐라 크림을 만드는 순서는 우유 끓이기, 젤라틴 혼합, 우유 식히기, 생크림 섞기로 만든다.

순서	제조과정	바닐라 크림을 만드는 순서	확인
1	우유 끓이기	우유 끓이기는 냄비에 우유, 바닐라 스틱, 노른자, 설탕, 커스터드 파우더를 넣고 거품기로 잘 섞어 중간 불로 80℃까지 끓인다.	
2	젤라틴 혼합	젤라틴 혼합은 우유가 끓으면 불에서 내려놓고 물에 불려 팽창시킨 젤라틴을 넣고 섞는다.	
		※ 젤라틴이 녹지 않은 부분이 있을 때는 고운체로 걸러 통과시킨다.	
3	우유 식히기	우유 식히기는 끓인 우유를 쟁반에 넓게 건조하지 않도록 분 설탕을 전면에 뿌려 식히거나, 냉수에서 끈기가 생길 때까지 차게 식힌다.	
4	생크림 섞기	생크림 섞기는 생크림은 온도 19℃ 정도의 거품 올려 넣고 신중하게 섞어 합친다.	
		우유에 섞을 때 뜨거우면 거품 올린 생크림을 틀에 넣어서 차게 굳혀 갈 때 생크림의 지방분이 뜨게 되어 2개의 층으로 분리된다.	

제9절 무슬린 크림(Mousseline Creme)은 어떻게 되는가?

1. 무슬린 크림은 어떻게 되는가?

무슬린 크림은 커스터드 크림 100%에 버터 60%를 혼합해 만든 크림이다.

2. 무슬린 크림의 배합표

순서	재 료	배합 비율(%)	배합량(g)	확인
1	커스터드 크림	100	100	
2	버터	60	60	
합계	-	160%	160g	

3. 무슬린 크림을 만드는 순서는 어떻게 되는가?

무슬린 크림을 만드는 순서는 버터 풀기, 커스터드 크림 만들기, 2가지 크림 섞기이다.

순서	제조과정	무슬린 크림을 만드는 순서	확인
1	버터 풀기	버터 풀기는 볼에 버터를 넣고 거품기(믹서)로 저어 부드러운 크림 상태로 만든다.	
2	커스터드 크림 풀기	커스터드 크림 풀기는 커스터드 크림을 저어 부드럽게 해둔다.	
3	혼합하기	혼합하기는 커스터드 크림(100%)에 상온에서 부드럽게 된 버터(60%)를 넣으며, 버터는 꼭 크림 상태로 커스터드 크림 정도를 맞추고 분리하기 쉬우므로 버터를 여러 회 나누어서 섞으면 된다.	
		냉장고에 넣어둔 커스터드 크림은 부드럽게 할 경우 나무 주걱으로 이기며 점성이 생기므로 거품기로는 안 된다.	

제10절 디플로마 크림(Cream Diplomate)은 어떻게 되는가?

1. 디플로마 크림은 어떻게 되는가?

디플로마 크림은 커스터드 크림 100%에 생크림 60%를 혼합하여 만든 크림이다.

2. 디플로마 크림의 배합표

순서	재료	배합 비율(%)	배합량(g)	확인
1	커스터드 크림	100	100	
2	생크림	60	60	
합계	-	160%	160g	

3. 디플로마 크림을 만드는 순서는 어떻게 되는가?

디플로마 크림을 만드는 순서는 커스터드 크림 만들기, 생크림 만들기, 2가지 크림 섞기이다.

순서	제조과정	디플로마 크림을 만드는 순서	확인
1	디플로마 크림 만들기의 요점 사항	디플로마 크림 만들기의 요점 사항은 크림을 가볍게 섞는 것이 중요하다.	
2	커스터드 크림 풀기	커스터드 크림 풀기는 커스터드 크림을 나무 주걱으로 이겨 부드럽게 해놓는다.	
3	생크림 만들기	생크림 만들기는 생크림을 90% 정도로 거품을 올린다.	
4	크림 섞기	크림 섞기는 커스터드 크림(100%)에 생크림(60%)을 소량씩 3회 정도 나누어 넣고 섞는다.	
		디플로마 크림은 딱딱함이 다른 두 가지를 섞을 때는 먼저 조금 섞은 후 소량을 넣어 저어 양자의 차를 조화시킨 후에 가볍게 섞는다.	
		크림을 너무 섞으면 끈기가 없어지며, 끈기가 없을 때는 녹인 젤라틴을 조금 넣으며 과일 타르트 필링에 최적한 크림이다.	

제11절 프랑지판 크림(Frangipane Cream)은 어떻게 되는가?

1. 프랑지판 크림은 어떻게 되는가?

프랑지판 크림은 아몬드 크림 100%에 커스터드 크림 50%를 섞어 만든 크림이다.

2. 프랑지판 크림의 배합표

순서	재 료	배합 비율(%)	배합량(g)	확인
1	아몬드 크림	100	100	
2	커스터드 크림	50	50	
3	럼주	16	16	
합계	-	166%	166g	

3. 프랑지판 크림을 만드는 순서는 어떻게 되는가?

프랑지판 크림을 만드는 순서는 커스터드 크림 만들기, 아몬드 크림 만들기, 2가지 크림 섞기가 있다.

순서	제조과정	프랑지판 크림을 만드는 순서	확인
1	커스터드 크림 만들기	커스터드 크림 만들기는 커스터드 크림을 만들어 나무 주걱으로 이겨 부드럽게 해놓는다.	
2	아몬드 크림 만들기	아몬드 크림 만들기는 버터에 설탕, 달걀, 아몬드 분말을 넣어 아몬드 크림을 만들어 놓는다.	
3	크림 섞기	크림 섞기는 아몬드 크림(100%)에 커스터드 크림(50%)을 넣고 섞는다.	
4	럼주 섞기	크림에 럼주를 섞어 넣어 풍미를 높이고 맛을 낸다.	
5	크림 섞기 주의사항	아몬드 크림에 커스터드 크림을 섞기보다는 커스터드 크림에 아몬드 크림을 섞는 것이 좋다.	
		비중이 무거운 것에 가벼운 것을 넣은 것이 섞이기 쉽다.	
		아몬드 크림을 넣어 너무 부드러울 때는 아몬드 파우더를 넣는 것이 커스터드 크림보다 맛이 있다.	

제12절 사바용 크림(Sabayon Creme)은 어떻게 되는가?

1. 사바용 크림은 어떻게 되는가?

사바용 크림은 노른자에 백포도주를 넣고 끓인 크림이다.

2. 사바용 크림의 배합표

순서	재 료	배합 비율(%)	배합량(g)	확인
1	백포도주	100	100	
2	노른자	20	20	
3	설탕	20	20	
합계	-	140%	140g	

3. 사바용 크림을 만드는 순서는 어떻게 되는가?

사바용 크림을 만드는 순서는 노른자 거품 올리기, 백포도 혼합하기 중탕하기가 있다.

순서	제조과정	사바용 크림을 만드는 순서	확인
1	노른자 거품 올리기	노른자 거품 올리기는 볼에 노른자와 설탕을 넣고 거품기로 하얗게 될 때까지 휘젓는다.	
2	백포도주 혼합하기	백포도주 혼합하기는 노른자를 중탕하면서 백포도주를 조금씩 넣고 거품기로 충분히 젓는다.	
3	중탕하기	중탕하기는 노른자가 걸쭉하게 만들어지면 중탕을 멈추고 식을 때까지 다시 젓는다.	

제13절 앙글레즈 크림(Anglaise Creme)은 어떻게 되는가?

1. 앙글레즈 크림은 어떻게 되는가?

앙글레즈 크림은 노른자에 설탕과 우유를 넣고 끓인 크림이다.

2. 앙글레즈 크림의 배합표

순서	재 료	배합 비율(%)	배합량(g)	확인
1	우유	100	100	
2	노른자	65	65	
3	설탕	65	65	
4	바닐라 에센스	0.05	0.05	
합계	-	230.05%	230.05g	

3. 앙글레즈 크림을 만드는 순서는 어떻게 되는가?

앙글레즈 크림을 만드는 순서는 우유 끓이기, 노른자 거품 올리기, 노른자에 우유 섞기, 다시 끓이기가 있다.

순서	제조과정	앙글레즈 크림을 만드는 순서	확인
1	우유 끓이기	우유 끓이기는 냄비에 우유와 바닐라를 넣고 물에 올려 나무 주걱으로 저으면서 80℃까지 끓인다.	
		우유를 끓일 때는 표면에 막이 생기지 않도록 주의한다.	
2	노른자 거품 올리기	노른자 거품 올리기는 볼에 설탕, 노른자를 넣고 거품기로 저어 거품을 올린다.	
3	노른자에 우유 섞기	노른자에 우유 섞기는 노른자에 끓인 우유를 조금씩 넣으면서 섞고 이것을 체로 거른다.	
4	다시 끓이기	다시 끓이기는 체로 거른 우유를 나무 주걱으로 저으면서 타지 않도록 가열한다.	
		나무 주걱에 크림이 얇게 묻으면 불에서 내려 식힌 뒤 체로 거른 다음 식으면 바닐라 에센스를 넣어준다.	

제14절 무스크림(Mousse Creme)은 어떻게 되는가?

1. 무스크림은 어떻게 되는가?

무스크림은 생크림을 거품 올려 젤라틴, 바닐라, 과일 퓌레를 넣은 크림이다.

2. 무스크림의 배합표

순서	재 료	배합 비율(%)	배합량(g)	확인
1	생크림	100	100	
2	보메 30° 시럽	50	50	
3	젤라틴	1.5	1.5	
4	바닐라 에센스	0.5	0.05	
5	양주	0.5	0.05	
6	과일 퓌레	30	30	
합계	-	182.5%	182.5g	

3. 무스크림을 만드는 순서는 어떻게 되는가?

무스크림을 만드는 순서는 생크림 거품 올리기, 젤라틴 섞기, 과일 퓌레 섞기, 양주 첨가하기, 굳히기가 있다.

순서	제조과정	무스크림을 만드는 순서	확인
1	시럽+젤라틴	시럽+젤라틴은 시럽에 물에 불린 젤라틴을 넣고 녹인다.	
2	생크림 거품 올리기	생크림 거품 올리기는 생크림에 설탕을 넣고 거품을 올려 바닐라 에센스를 넣어 합친다.	
3	과일 퓌레 섞기	과일 퓌레 섞기는 생크림에 과일 퓌레를 넣고 섞는다.	
4	양주 첨가	양주를 첨가하여 풍미를 낸다.	
5	무스크림 굳히기	무스크림 굳히기는 반죽을 틀에 부어서 차게 하여 굳힌다.	

제**15**장

설탕 과자의 정의는
어떻게 되는가?

제15장

설탕 과자의 정의는 어떻게 되는가?

제1절 설탕 과자의 정의는 어떻게 되는가?

1. 설탕 과자는 어떻게 되는가?

설탕 과자는 설탕의 가공품, 과일, 견과, 초콜릿을 설탕으로 가공하여 만든 제품이다.

2. 설탕 과자의 정의, 기구, 제조, 설탕을 끓이는 온도와 방법은 어떻게 되는가?

설탕 과자의 정의는 설탕을 가공한 과자이다. 기구는 온도계, 볼, 비중 측정기가 필요하며 설탕을 끓이는 온도는 200~300℃ 정도이다.

순서	제조과정	설탕 과자의 정의, 기구, 제조, 설탕을 끓이는 온도와 방법	확인
1	설탕 과자의 정의	설탕 과자(콩피즈리) 정의는 "과일에 담그다. 설탕에 담그게 하다" 의미가 있으며 설탕을 이용, 가공한 과자이다.	
2	설탕 과자의 기구	설탕 과자를 만드는 기구는 온도계, 비중계가 필요하며, 설탕의 종류와 끓여 조리는 온도, 끓인 설탕 온도, 비중을 측정한다.	
3	설탕 과자의 제조 기구	설탕 과자를 제조하는 기구인 온도계는 0℃에서 250~300℃까지 계량할 수 있다.	
		설탕 과자를 제조하는 비중계는 당도를 측정하는 도구로 유리	

4	설탕을 끓이는 온도와 방법 중요사항	원통형으로 눈금이 새겨져 그 밑 부분에 수은이 들어있어 당액의 안에 띄워 비중이 낮으면 잠기고 높으면 경우는 떠올라 그 눈금으로 당도를 측정할 수 있다.
		설탕을 끓이는 온도와 방법의 중요사항은 끓이는 냄비, 온도계 사용, 설탕과 물의 비율 불의 화력, 거품 걷어내기가 있다.
		설탕을 끓여 졸이는 데 사용하는 냄비(동냄비)를 사용하며, 세척에 주의한다.
		설탕을 끓이는 온도는 온도계로 측정하며 붓을 사용한다.
		설탕을 끓이는 방법은 설탕에 대한 물의 비율, 끓여 졸이는 불의 화력 조절, 설탕을 끓여 졸이면서 거품 걷어내기를 하는 것이다.

3. 설탕의 성질은 어떻게 되는가?

설탕의 성질은 용해성, 착색성, 흡습성, 방부성, 노화 방지성, 조형성, 침투성, 산화 방지성, 젤리화, 결정화 등 10가지가 있다.

순서	설탕의 성질	설탕의 변화와 성질	확인
1	용해성	용해성은 설탕이 물에 녹는 성질로 온도가 상승함에 따라 용해도가 높아지는 것이다.	
2	착색성	착색성은 설탕은 고온에서 가열하면 분해되고 착색이 되는 성질이다.	
3	흡습성	흡습성은 설탕은 온도 27℃, 습도 77.4% 이상에서 습기를 흡수하는 성질이다.	
4	방부성	방부성은 설탕은 농도가 높은 용액으로 방부성이 있다.	
5	노화 방지성	노화 방지성은 설탕은 호화한 녹말에 설탕을 넣으면 노화를 방지하는 성질이다.	
6	조형성	조형성은 설탕은 점착성과 미각을 갖추는 것이다.	
7	침투성	침투성은 당류의 침투압은 분자량에 관계하며 성질이다.	
8	산화 방지성	산화 방지성은 설탕이 산화를 방지하는 성질이다.	
9	젤리화	젤리화는 과실, 과즙에 설탕을 넣으면 겔화되어 젤리화가 되는 성질이다.	
10	결정화	결정화는 설탕액은 식으면 제 모습으로 되돌아가는 성질이다.	

4. 설탕액은 어떻게 되는가?

설탕액은 설탕을 끓여 만드는 것으로 당도, 온도, 용도가 있다.

순서	명 칭	당 도	온도 ℃	용 도	확인
1	라 랏프	20	100	드라제 제품	
2	프티 릿세	25	102	아몬드 제품	
3	그란 릿세	30	103	크림 아이싱 제품	
4	그란 펠레	33	105	잼 제품	
5	휘 레	35	106	설탕 공예 제품	
6	프티 스프레	37	108	설탕 공예 제품	
7	그란 스프레	38	112	설탕 공예 제품	
8	프티 브레	39	115	펀던트 제품	
9	브 레	40	118	머랭, 아몬드, 펀던트	
10	그로브레	41	121	설탕 공예 제품	
11	프티캇세	43	125	설탕 공예 제품	
12	캇 세	45	141	캐러멜, 설탕 공예 제품	
13	그란캇세	48	145	설탕 공예 제품	
14	캐러멜	49~50	148~150	캐러멜 제품	

순서	설탕(%)	물(%)	끓임	당도(브릭스)	확인
1	100	33	→	38	
2	100	50	→	32	
3	100	75	→	30	
4	100	100	→	25	
5	100	125	→	22	
6	100	150	→	20	
7	100	200	→	17	

5. 설탕 과자의 종류는 어떻게 되는가?

설탕 과자의 종류는 설탕을 주원료, 견과류(넛류)에 설탕을 가공, 과실류에 설탕을 가공한 과실, 초콜릿을 이용하는 것이 있다.

설탕 과자는 설탕을 주재료로 하여 여러 가지 과실, 견과 등을 가공, 설탕이 가지는 특성을 살려서 가공한 과자이다.

순서	설탕 과자	설탕 과자의 종류	확인
1	설탕 원료	펀던트(fondamt) : 설탕 시럽을 결정화한 흰색의 결정체이다.	
		캐러멜(caramel) : 물엿, 설탕, 우유, 초콜릿에 바닐라를 넣고 끓여 굳힌 사탕 과자이다.	
		봉봉(bon bon) : 과즙, 브랜디, 위스키를 넣어 만든 사탕이다.	
2	설탕 과일 넛류	콩피즈리(confiture) : 과일의 설탕절임이다.	
		마멀레이드(marmelade) : 오렌지, 레몬 등 껍질로 만든 잼이다.	
		젤리(gelee) : 과일, 과실즙에 젤라틴을 넣어 응고시킨 것이다.	
		파트 드 퓌레(pate de fruit) : 과일을 갈아서 체로 걸러 걸쭉하게 만든 것이다.	
		마롱 글라세(marron glace) : 밤에 설탕, 버터를 넣고 결정 막을 씌운 것이다.	
		파트 다망드 그류(pate damande crue) : 아몬드	
		파트 다망드 펀던트(pate damande fondante) : 아몬드 펀던트	
		프루츠 콩피(fruit confit) : 과일을 설탕에 절인 것이다.	
		드라제(dragee) : 설탕이나 초콜릿으로 싼 과자이다.	
		그랏그란 아망드(craquelin amande) : 딱딱한 아몬드	
		프루츠 데기제(fruit deguise) ; 과일에 설탕을 입힌 것이다.	
		누가 브륑(nougat brun), 누가 블랑(nougat blanc) : 설탕, 물엿, 엿을 아몬드, 땅콩, 밤을 섞어서 굳혀 만든 것이다.	
		파트 키모브(pate a guimauve) : 마시멜로	
3	초콜릿	봉봉·오·초콜릿(bonbon au choclat) : 초콜릿 안에 과즙, 브랜디, 위스키를 넣어 만든 것이다.	
		봉봉·오·초콜릿은 콩피즈리 중에서도 독립된 분야이다.	

6. 설탕 과자는 어떻게 되는가?

설탕 과자는 봉봉 초콜릿, 누가, 프랄리네, 펀던트, 캐러멜, 과일 넛류가 있다.

순서	설탕 과자	설탕 과자의 종류	확인
1	봉봉 · 오 · 초콜릿	봉봉(bonbon)은 프랑스어로 "좋은"이라는 의미로 술 봉봉과 초콜릿 봉봉이 있다.	
		봉봉 · 오 · 초콜릿은 설탕의 재결정화를 이용한 과자로 시럽의 외측에 당화시켜 굳혀 깨물면 안에서 시럽이 흘러넘치도록 한 것으로 시럽에 여러 가지의 양주를 넣어 맛의 변화를 시킨 과자로 초콜릿 중심 내용물로 사용되고 있다	
2	프랄리네의 정의	프랄리네는 아몬드나 헤즐넛을 설탕에 바싹 조려 당액을 캐러멜화하여 분쇄해 롤러로 페이스트 상태로 만든 것으로, 초콜릿의 중심 내용물 등 재료로써 폭넓게 사용된다	
	프랄리네의 종류	프랄리네의 종류는 마스 · 프랄리네 · 오 · 자망드(Mssse Prline aux Amande) 아몬드 · 프랄리네, 마스 · 프랄리네 · 그레루(Masse Praline Clair)아몬드와 헤즐넛의 프랄리네, 마스 · 프랄리네 · 펀던트(Masse Praline Force)헤즐넛의 프랄리네가 있다.	
3	누가의 정의	누가의 정의는 아몬드 등의 견과류에 녹인 설탕을 섞어 만든 것으로 입안에서 녹는 것이 딱딱한 것과 부드러운 것이 있다.	
	누가류의 종류	누가의 종류는 딱딱한 누가, 부드러운 누가, 졸인 누가, 3가지가 있다.	
		누가 브룅(Nougat Brun) : 딱딱한 종류의 누가이다.	
		누가 브란(Nougat Blanc) : 부드러운 종류의 누가이다.	
		누가 몬테리마루(Nougat de Montelimar) : 누가 몬테리마루는 거품 올린 흰자에 바싹 졸인 꿀과 설탕액을 넣고 적절하게 졸여서 다시 여러 종류의 견과나 콩피를 넣어 굳어서 자른 것이다.	
4	펀던트의 종류	펀던트 · 브루 · 콩피스리(Fondant pour Confiserie)	
		펀던트 · 오 · 프루츠(Fondant au Fuit)	
		펀던트 캐러멜 바닐라(Fondant Caramel Vanille)	
5	캐러멜의 정의	캐러멜의 정의는 설탕을 졸여 캐러멜 상태로 만든 것에 생크림, 버터 등을 넣어 강도, 맛을 맞추어 초콜릿의 중심 내용물로 하는 것이다.	
6	과일, 넛류	과일, 넛류는 초콜릿의 중심 내용물에 생과일을 사용하지 않고 잼이나 설탕에 적셔둔 또는 건조과일, 알코올에 적셔둔 가공된 것을 용도에 맞게 사용한다.	
		과일의 종류는 아나나스 · 콩피(Ananas Confit), 스리즈 알코올(Cerise aleool), 건조 프람(Pruneau) 등이 있다.	

제2절 초콜릿(Chocolate)은 어떻게 되는가?

1. 초콜릿은 어떻게 되는가?

초콜릿은 카카오콩에서 추출한 특유의 향은 쓰고 풍미를 지닌 것이다.

2. 초콜릿의 정의, 제법, 성분은 어떻게 되는가?

초콜릿의 정의는 카카오콩 특유의 향을 지닌 것이다. 제법은 카카오콩을 볶아 껍질을 벗기고 카카오 버터, 설탕, 우유를 넣어 부드럽게 만든 것이다. 초콜릿 성분은 카카오 버터 30~40%, 카카오 고형분 60~70%이다.

순서	제조과정	초콜릿의 정의, 제법, 성분	확인
1	초콜릿의 정의	초콜릿(chocolate) 정의는 카카오 특유의 향을 쓰고 풍미를 지닌 것이며, 코코아(cocoa)는 분말로 음료로 하는 것이 있다.	
		초콜릿의 원료인 카카오(cacao)를 코코아라 부르는 것이 영국의 관습이 되었지만, 프랑스, 독일, 스페인 등에서는 음료와 과자도 초콜릿과 설탕 과자 초콜릿이라 부른다.	
2	초콜릿의 제법	초콜릿의 제법을 간단히 서술하면 카카오콩을 볶아 껍질을 벗기고 가열하여 갈은 것에 카카오 버터, 설탕, 우유 등을 혼합하여 부드럽게 정렬한 것이다.	
		초콜릿은 혼합 비율에 따라 여러 종류의 초콜릿이 만들어지며, 입안에서 부드럽게 녹는 식감, 부드러움과 손으로 용이하게 부서지는 성질은 여러 가지 카카오 버터의 특질 때문이라 할 수 있다.	
		일반적으로 시판하고 있는 판 초콜릿은 바로 녹으면 곤란하므로 카카오 버터의 첨가율을 낮게 만드는데, 봉봉에 피복하는 쿠베르튀르는 녹기 쉽게 많이 넣어 만든다.	
3	초콜릿의 성분 (카카오 버터)	초콜릿의 성분은 카카오 버터 30~40%, 설탕 및 카카오의 고형분 60~70%가 균일하게 섞여 있다.	
		카카오 버터는 카카오콩은 지방분이 많고 그대로는 녹기 어려운 것으로 그 지방을 추출하는 방법이 고안될 때까지는 부순 코코아 콩을 섞어가면서 마실 수 있는 특별한 주전자가 필요하였다.	
		추출한 지방 카카오 버터는 다른 유지에 없는 복잡한 특징을 지니고 있다.	
		황색을 지닌 백색의 고형물과 초콜릿은 여러 가지 방향이 있다.	

		초콜릿의 융점은 30~36℃로 사람의 체온으로 쉽게 녹고 응고점은 27℃이기 때문에 바삭하게 기분 좋게 부서지게 된다.	
4	초콜릿의 성분 (카카오 마스)	초콜릿의 성분인 카카오 마스는 카카오콩을 가공하여 카카오 성분 50%, 카카오 버터 약 50%로 만든 것으로 비타 초콜릿(쓴 초콜릿)이라 부르고 있다.	
		초콜릿은 카카오 성분, 설탕, 분유, 향료 및 카카오 버터를 혼입한 것이다.	

3. 초콜릿의 종류는 무엇이 있는가?

초콜릿의 종류는 쿠베르튀르 초콜릿(순 초콜릿), 바닐라 초콜릿, 밀크 초콜릿, 화이트 초콜릿 등이 있다.

순서	초콜릿의 종류	초콜릿의 종류와 내용 설명	확인
1	쿠베르튀르의 어원	쿠베르튀르는 프랑스어의 쿠베르루(couvrir; 싸다, 덮다)에서 나온 단어로 쿠베르튀르 오 쇼코라(couver-ture au chocolat)는 피복 재료의 초콜릿이란 의미이다.	
		원래 봉봉 등의 피복용에 넣는 것이나, 그 외에 과자의 위에 씌우거나 포장에 넓게 이용하고 있다.	
2	바닐라 초콜릿	바닐라 초콜릿은 초콜릿에 바닐라를 첨가하여 만든 초콜릿이다.	
3	밀크 초콜릿	밀크 초콜릿은 초콜릿에 탈지분유를 첨가하여 만든 초콜릿이다.	
4	화이트 초콜릿	화이트 초콜릿은 초콜릿의 카카오 버터를 모아 만든 초콜릿이다.	

4. 초콜릿의 온도조절(템퍼링 Tempering)은 어떻게 되는가?

초콜릿의 온도조절(템파링)은 초콜릿이 광택이 있고 부드럽게 만들기 위해 녹여 하나의 안정된 상태로 만드는 초콜릿 버터를 녹이는 작업이다.

순서	제조과정	초콜릿의 온도조절 순서	확인
1	초콜릿 녹이기 (45~50℃)	초콜릿 녹이기는 초콜릿을 잘게 잘라 45℃ 정도로 초콜릿을 완전히 녹인다.	
2	온도 내리기 (27℃)	온도 내리기는 초콜릿을 녹여서 저어가면서 온도를 27℃ 이하 차게 온도를 내려 초콜릿이 굳어지는 것을 확인한다.	
		초콜릿을 온도 45℃ 정도로 녹여 2/3 양을 대리석 작업대 위에 흘려	

		서 팔레트 나이프로 이겨가면서 끈기를 낸다(26 ~ 27℃).	
		원래의 그릇에 부어 넣고 1/3 양과 함께 저어준다(30 ~ 32℃).	
3	온도 올리기 (30℃)	온도 올리기는 26 ~ 27℃로 내린 초콜릿 온도를 다시 30 ~ 32℃로 올린다.	
		온도 45℃ 정도로 초콜릿을 녹여 이것을 34℃ 정도까지 저어주면서 온도를 낮춘다.	
		전체 양의 5% 정도의 양을 잘게 자른 쿠베르튀르에 넣고 저어주면서 30 ~ 32℃로 온도를 올린다.	
4	초콜릿 제조 주의사항	초콜릿 제조 주의사항은 습기, 수분 방지, 온도, 습도, 저장 기구에 주의한다.	
		초콜릿에 습기, 수분이 들어가지 않도록 충분히 주의한다.	
		초콜릿 작업실 온도는 18 ~ 20℃ 정도, 습도는 60% 이하, 75% 이상이 되지 않도록 주의한다.	
		초콜릿의 중심온도는 20 ~ 22℃ 정도, 저장온도 15 ~ 18℃ 정도가 좋다.	
		초콜릿의 기구는 청결하고 건조한 것을 사용한다.	

5. 초콜릿의 온도 조절(템퍼링 Tempering)의 목적과 과정은 어떻게 되는가?

초콜릿의 온도조절(템퍼링)은 카카오 버터의 분자는 5가지 다른 지방분자가 들어 있어 이것을 잘 녹여 블룸 현상이 생기지 않게 하는 것이다. 초콜릿 온도조절(템퍼링) 의 과정은 초콜릿 녹이기, 초콜릿 온도 내리기, 초콜릿 온도 올리기, 초콜릿 굳히기 이다.

순서	제조과정	초콜릿 온도조절 목적과 과정	확인
1	온도조절의 목적	초콜릿 온도조절의 목적은 카카오 버터의 분자는 5가지 다른 지방분 자로 만들어져 있어 각각 26℃, 28℃, 29℃, 30℃, 31℃ 등 다른 융점을 지니고 있고 보통 각각 결정한 상태가 되므로 필요하다.	
		카카오 버터의 융점은 한 종류가 아닌 감마(γ)형의 결정에 융점은 16 ~ 18℃이다.	
		알파(α)형은 21 ~ 24℃, 베타형은 27 ~ 29℃, 제일 안정된 베타(β)형 결정의 융점은 34 ~ 36℃이다.	
		여러 종류의 융점 결정이 존재하여 녹인 초콜릿을 자연에 방치시켜 놓으면 카카오 버터의 분자가 굳어지는 것은 먼저 진한 감마형 결정 을 만든다.	

2	초콜릿 녹이기	초콜릿 녹이기는 쿠베르튀르를 가늘게 잘라 건조한 볼에 넣고 중탕하여 전부 녹인다.
		초콜릿 녹이기는 수분이나 수증기가 초콜릿 안에 들어가면 굳어지지 않게 되거나 광택이 없이 마무리되므로 주의한다.
		초콜릿은 타기 쉽고 타지면 풍미를 잃어서 버릴 수밖에 없으므로 직접 불에 올리지 않도록 주의한다.
		초콜릿은 나무 주걱으로 섞어 저어가면서 40~50℃로 녹이며 이 온도에 도달하면 중탕에서 내린다.
3	온도 내리기	온도 내리기는 대리석의 위에 2의 2/3의 양을 흘려 팔레트 나이프, 나무 주걱을 사용하여 전체를 균일하게 식도록 주위에서 중앙을 향해 저어 섞는다.
		빠르게 열을 내리는 작업이므로 차가운 대리석의 위에 부어 펼친다.
		초콜릿이 굳기 시작하면(약 20℃ 전후의 온도) 끓어서 남은 1/3의 양을 중앙에 부어 잘 혼합하면서 부드럽고 조밀한 상태로 만드는데 쿠베르튀르의 온도는 29~31℃ 정도이다.
		카카오 버터에 들어 있는 융점의 다른 5가지의 지방분자를 40~50℃로 녹여 급속히 29~31℃ 온도로 내리는 것에 의해 각 분자의 특성을 살리는 시간을 주는 것이다.
		각각으로 결정하지 않고 부드럽고 광택이 있는 쿠베르튀르가 되어 피복하기 쉽게 되는데 이러한 상태를 쿠베르튀르의 올바른 템퍼링이라 할 수 있다.
		녹일 때 급격히 가열하거나 급격한 냉각, 예를 들어 볼에 냉수를 담그거나 하면 일종 또는 다수의 분자가 부서져 불안정한 상태가 되어 다시 한번 템퍼링을 다시 고쳐 할 필요가 있다.
4	온도 올리기	온도 올리기는 녹인 초콜릿을 30℃ 전후로 온도 조절한 템퍼링 기구에 옮겨 필요한 목적에 사용하기 위해 온도를 올린다.
5	온도의 주의점	온도의 주의점은 쿠베르튀르의 온도가 광택이 있는 좋은 초콜릿을 만들 때는 피복 기술뿐 아니라 실온의 조절도 중요하다.
		제일 적합한 작업실 온도는 18~20℃, 습도는 70% 이하이다.
		쿠베르튀르의 용해 시의 가열온도는 40~45℃로 50℃ 이상이 되어선 안 되며, 템퍼링한 큐베르튀르의 온도는 29~31℃이다.
		냉장고에 넣어 굳히는 초콜릿은 습도가 없는 온도 10℃ 정도이며, 저장온도는 15~18℃로 습도가 낮은 장소에 저장한다.

6. 초콜릿의 블룸 현상은 어떻게 되는가?

초콜릿의 블룸 현상은 카카오 버터의 결정이 굵게 되어 나타나거나 설탕의 결정이 생겨 초콜릿의 조직이 약화되는 현상으로 지방 블룸과 설탕 블룸 2가지가 있다.

순서	블룸 종류	초콜릿의 블룸 현상	확인
1	지방 블룸	지방 블룸은 초콜릿의 표면에 흰 곰팡이처럼 엷은 막이 생기는 현상이다.	
		지방 블룸의 발생 원인은 템퍼링이 충분치 않고 초콜릿을 보존하는 동안 온도관리가 부적당한 경우에 카카오 버터의 결정 때문에 생긴다.	
2	설탕 블룸	설탕 블룸은 굳어진 초콜릿의 표면에 적은 회색의 반점이 생기는 현상이다.	
		설탕 블룸은 온도가 높은 곳에 오랫동안 놓아두거나 급격히 차게 하는 경우에 생기기 쉽다.	
		표면의 습기가 설탕을 녹여 그것이 건조되어 설탕의 표면이 재결정하여 반점 상태가 보이게 되는 현상이다.	

제3절 펀던트(Foudant)는 어떻게 되는가?

1. 펀던트는 어떻게 되는가?

펀던트는 설탕액을 졸인 후 이겨 만든 설탕 결정체이다.

2. 펀던트의 정의, 종류, 결정 상태, 사용과 보존은 어떻게 되는가?

펀던트의 정의는 설탕액을 끓여 교반한 것으로, 종류는 초콜릿, 카페 캐러멜 펀던트가 있으며, 결정 상태는 교반에 의해 생긴다. 사용 시 체온(36.5℃) 정도로 녹여 사용하며, 보존은 냉장고에 넣어둔다.

순서	제조과정	펀던트의 정의, 종류, 결정 상태, 사용	확인
1	펀던트의 정의	펀던트의 정의는 설탕액을 정해진 온도에 끓여 조린 후 뜨거운 열을 없애고 나무 주걱이나 기계를 이용하여 치대면 상당히 가는 결정이 된다.	
		펀던트는 부드러운 유백색으로 녹기 쉬운 성질을 지니고 있으므로 "펀던트"란 이름이 붙여진 것이다.	
2	펀던트의 종류	펀던트의 종류는 초콜릿 펀던트, 카페 펀던트, 캐러멜 펀던트, 과일 펀던트 등 펀던트에 양주를 첨가해 맛의 변화를 만든다.	
3	펀던트의 결정 상태	펀던트의 결정 상태는 아주 작은 결정이 골고루 포함하는 것이 좋다.	
		펀던트를 끓이는 온도는 114~118℃를 정확히 지켜야 하며 40℃로 급냉한다.	
		펀던트의 결정 상태는 고온에서 교반하면 결정이 거칠고 저온에서 교반하면 작업성이 나쁘다.	
		펀던트의 끓인 온도가 60℃ 이상 고온에서 중탕하면 결정이 커지고 품질이 떨어진다.	
		펀던트의 결정은 설탕의 가느다란 결정의 덩어리로 전화당의 엷은 막으로 싸여 있으며, 펀던트의 강도는 졸이는 설탕액의 최종 온도에 의해 좌우된다.	
		펀던트의 설탕액의 온도가 120℃를 넘어 식혔을 때 너무 딱딱하게 되어 이기는 것이 어렵게 되어 114~118℃가 되지 않으면 잘 뭉쳐지지 않고 덩어리지기 어렵다.	

4	펀던트의 사용과 보존	펀던트의 사용은 부드럽게 된 펀던트를 만들어 양주나 시럽을 넣어 중탕해 사람의 체온(36℃) 정도로 따뜻하게 사용한다.
		펀던트의 사용 목적에 따라 펀던트에 열을 강하게 하든지, 열을 강 하게 하면 열이 식으면 딱딱하게 굳어지고 광택이 없어진다.
		펀던트의 보존은 공기에 접촉하지 않도록 어두운 냉장고에 넣어둔다.

3. 펀던트의 배합표

순서	재 료	배합 비율(%)	배합량(g)	확인
1	설탕	100	100	
2	물	20 ~ 30	20 ~ 30	
합계	-	120~130%	120~130g	

4. 펀던트를 만드는 순서는 어떻게 되는가?

펀던트를 만드는 순서는 설탕 끓이기, 교반하기, 보관하기가 있다.

순서	제조과정	펀던트를 만드는 순서	확인
1	설탕 끓이기	설탕 끓이기는 열이 잘 전달되도록 두꺼운 냄비를 사용한다.	
		설탕과 물을 114~118℃로 끓이며, 설탕 입자의 재결정을 방지하기 위 해 끓이는 도중 냄비 벽면에 물을 붓으로 자주 칠해준다.	
2	설탕액 교반하기	끓인 설탕액을 40℃로 급냉을 하며, 설탕액 교반은 대리석, 매끄러운 작업대 위에서 한다.	
3	펀던트 보관하기	펀던트의 보관하기는 펀던트가 마르지 않도록 비닐에 싸서 둔다.	
		사용할 때에는 40℃ 전후에서 데워 사용하며, 물엿, 전화당 시럽 첨가 는 펀던트가 부드럽고 수분 보유를 증대한다.	

제4절 프랄리네(Masse Praline)와 누가(Nougat)는 어떻게 되는가?

1. 프랄리네와 누가는 어떻게 되는가?

프랄리네는 아몬드와 헤즐넛에 설탕을 입혀 롤러를 통과한 것이다. 누가는 잘게 자른 아몬드나 헤즐넛을 설탕으로 굳힌 것이다.

2. 프랄리네의 정의, 누가의 정의는 어떻게 되는가?

프랄리네와 누가는 아몬드 등 넛류에 설탕액을 입혀 롤러를 통과하여 만든 과자이다.

순서	제조과정	프랄리네의 정의, 누가의 정의	확인
1	프랄리네의 정의	프랄리네의 정의는 설탕을 불에 올려 아름다운 색과 향으로 녹여 그 안에 구운 아몬드나 헤즐넛과 같은 견과를 섞어 롤러를 통과시켜 만든 것이다.	
		프랄리네는 롤러에 갈아 만든 유동성의 페이스트로 만든 것을 마스 프랄리네(masse praline)라고 한다.	
2	누가의 정의	누가의 정의는 뜨거울 때 대리석이나 철판 위에 얇게 눌러 자르거나 여러 종류의 틀에 부어 넣어 굳힌 것으로 장식 과자 등에 사용된다.	
		누가를 갈아서 굵은 분말로 만든 것이 프랄리네와 크로캉트(Krokant)라 부른다.	

3. 장식용 누가의 배합표

순서	제품	설탕 비율(%)	아몬드 슬라이스(g)	확인
1	장식용 누가	100	50	
2	프랄리네 누가	100	30	
3	세공용 누가	100	20	
합계	-	300%	100g	

4. 장식용 누가, 프랄리네 만드는 순서는 어떻게 되는가?

장식용 누가, 프랄리네를 만드는 순서는 아몬드, 헤즐넛에 설탕액을 입혀 누가를
만들고 롤러를 통과시켜 프랄리네를 만든다.

순서	제조과정	장식용 누가, 프랄리네 만드는 순서	확인
1	장식용 누가	장식용 누가는 얇게 늘려 좋아하는 형태로 잘라 장식용에 많이 사용한다.	
		아몬드를 볶는 것은 풍미는 좋으나, 누가의 색이 짙게 된다.	
2	프랄리네 누가	프랄리네 누가는 원하는 형태로 펀던트, 아몬드 크림, 가나슈를 넣어 풍미를 높이고 바삭한 식감을 준다.	
3	세공용 누가	세공용 누가는 장미, 꽃과 같은 것을 만드는 데 적합하며, 다량의 설탕을 사용하며, 물엿을 넣으면 부드럽게 되어 세공하기 쉽다.	
		일반적으로 프랄리네는 사용하지 않는다.	

제5절 젤리(Jelly)란 어떻게 되는가?

1. 젤리는 어떻게 되는가?

젤리는 여러 가지 과즙, 과일이나 와인, 커피에 설탕을 넣고 단맛을 증대시켜 젤라틴을 혼합하여 딱딱하게 굳힌 것이다.

2. 젤리의 정의, 어원, 용도, 종류, 재료는 어떻게 되는가?

젤리의 정의는 과일즙 등을 젤라틴으로 굳힌 것이다. 종류는 한천, 펙틴 젤리가 있으며, 재료는 과일 쥬스와 젤라틴이다.

순서	제조과정	젤리의 정의, 어원, 용도, 종류, 재료	확인
1	젤리의 정의	젤리의 정의는 과일즙, 커피 등에 설탕과 겔 상태의 젤라틴, 펙틴, 한천, 알긴산 등의 콜로이성 응고제를 넣어 굳힌 식품이다.	
2	젤리의 어원	젤리의 어원은 라틴어의 세라타 슈레(gelee)이며, 영어 젤리(jelly)라 한다.	
3	젤리의 용도	젤리의 용도는 대형의 앙트르메에서 소형의 한입 과자에 이르기까지 젤리는 폭넓게 친숙한 과자이다.	
4	젤리의 종류	젤리의 종류는 젤리 반죽에 과즙이나 양주 등을 넣는 것에 의해 무한의 종류를 얻을 수 있다.	
		젤리의 종류는 젤라틴 젤리, 한천 젤리, 펙틴 젤리가 있으며, 사용하는 응고제는 젤라틴, 한천, 펙틴, 카라기난 등으로 함께 사용할 수 있다.	
		젤라틴 젤리는 젤라틴을 녹여 설탕, 주재료인 과일 와인, 커피 등과 향료를 넣고 식혀 굳힌 것이다.	
		한천 젤리는 젤라틴 대신에 한천을 이용하여 굳힌 젤리이며, 펙틴 젤리는 젤라틴 대신에 펙틴을 이용하여 굳힌 젤리이다.	
5	젤리의 재료	젤리의 재료는 물, 과일 쥬스, 포도주, 젤라틴이 있다.	
		젤리 원료인 젤라틴은 소나 돼지, 생선 등 동물의 뼈나 껍질에서 만드는 것으로 나폴레옹시대 프랑스에서 생겨났다고 한다.	
		젤리는 깨끗한 투명감과 부드러움이 입안에서 매력적으로, 젤리 제조에 사용하는 도구가 더럽혀진 것이나 기름기가 없도록 주의를 한다.	
		젤리는 입안 촉감을 고려하여 수분에 대해 젤라틴을 3% 정도 섞는 것이 맛이 좋다.	

3. 젤라틴 젤리의 배합표

순서	재 료	배합 비율(%)	배합량(g)	확인
1	물	100	100	
2	설탕	25	25	
3	젤라틴	4	4	
4	레몬 과즙	10	10	
5	레몬껍질	5	5	
6	흰자	30	30	
7	메이스	0.01	0.01	
8	올 스파이스	0.01	0.01	
합계	-	174.02%	174.02g	

4. 젤라틴 젤리를 만드는 순서는 어떻게 되는가?

젤리를 만드는 순서는 젤라틴 불리기, 과즙 끓이기, 과즙 섞기, 체로 거르기, 굳히기가 있다.

순서	제조과정	젤라틴 젤리를 만드는 순서	확인
1	젤라틴 불리기	젤라틴 불리기는 젤라틴을 얼음물을 넣어 10분 정도 부드럽게 불려 둔다.	
2	과즙(물) 끓이기	과즙(물) 끓이기는 과즙을 80℃ 정도로 끓여 물에 불린 젤라틴에 넣고 녹인다.	
3	과즙 섞기	과즙 섞기는 끓인 과즙의 뜨거운 열을 식힌다.	
		설탕, 레몬 과즙, 레몬껍질 및 흰자를 넣고 가볍게 저어 섞어서 약 10분간 방치한다.	
4	다시 끓이기	다시 끓이기는 끓인 과즙을 다시 불에 올려 충분히 거품과 나쁜 냄새를 없애기 위해 약한 불로 10분간 끓인다.	
		젤리액을 불에서 내려 뚜껑을 덮어 2~3분 동안 방치한다.	
5	체 거르기	체 거르기는 젤리액을 고운체로 거르고 투명도가 낮아지면 체로 거른다.	
6	굳히기	굳히기는 젤라틴 액을 틀에 부어 차게 굳힌다.	

5. 포도주 젤리, 과일 젤리, 커피 젤리의 배합표

순서	젤리 종류	재 료	배합 비율(%)	배합량(g)	확인
1	포도주 젤리	기본 젤리액	100	100	
		백포도주	20	20	
		합계	120%	120g	
2	과일 젤리	기본 젤리액	100	100	
		과일 과즙	20	20	
		양주	2	2	
		합계	122%	122g	
3	커피 젤리	물	100	100	
		커피	7	7	
		설탕	11	11	
		젤라틴	2	2	
		물(커피용)	9	9	
		모카 술	2	2	
		브랜디	2.5	2.5	
		합계	133.5%	133.5g	

6. 커피(포도주, 과일) 젤리를 만드는 순서는 어떻게 되는가?

커피(포도주, 과일) 젤리를 만드는 순서는 물 끓이기, 커피액 추출, 젤라틴 혼합하기, 틀에 부어 넣기가 있다.

순서	제조과정	커피 젤리를 만드는 순서	확인
1	물 끓이기	물 끓이기는 손 냄비에 물을 넣고 끓인다.	
2	커피액 추출	커피액 추출은 끓인 물에 커피를 넣고 불을 끄고 뚜껑을 덮은 채로 3분간 방치한다.	
		커피를 거르는 천을 사용해 커피액을 추출한다.	
3	커피, 젤라틴 혼합하기	젤라틴 혼합하기는 끓인 물에 설탕, 분말커피, 물에 불린 젤라틴을 넣고 섞는다.	
		젤라틴 액을 체로 거른 후 뜨거운 열을 뺀 후, 모카 술, 브랜디를 넣고 섞는다.	
4	틀에 부어 넣기	틀에 부어 넣기는 젤리액을 컵에 부어 넣어 차게 해 굳힌다.	
		거품 올린 생크림을 짜서 커피 빈스를 장식한다.	

제**16**장

발효 반죽은 어떻게
되는가?

제16장

발효 반죽은 어떻게 되는가?

제1절 발효 반죽은 어떻게 되는가?

1. 발효 반죽의 정의는 어떻게 되는가?

발효 반죽의 정의는 강력분과 물과 이스트(효소)를 함께 섞어 반죽한 것이다.

이것은 옛날의 발효가 없는 빵(갈레트 또는 딱딱한 빵)에서 직접 발전된 것이다.

2. 발효 반죽의 조건은 어떻게 되는가?

발효 반죽의 조건은 온도관리, 습도 관리, 시간 관리가 중요하며, 이스트 등으로 발효시킨 반죽이기 때문이다.

순서	제조과정	발효 반죽의 정의, 조건	확인
1	발효의 정의	발효의 정의는 유기물질이 미생물의 작용으로 분해되는 효소의 움직임으로 대사활동을 하는 것으로, 발효 결과 최종 생성물로서 알코올과 이산화탄소를 세포의 바깥으로 배출한다. 발효에서 발생하는 이산화탄소(탄산가스)는 글루텐을 강화시켜 반죽을 팽창시켜 빵을 부풀게 한다.	
2	발효의 조건	발효의 조건은 반죽 안의 이스트균의 영양(당분)이 충분해야 한다.	

반죽의 pH가 5.5 정도로 적절하게 지켜져야 한다.		
반죽 온도는 40℃ 정도가 되어야 하며, 밀가루 글루텐이 잘 형성되어야 한다.		

3. 발효 반죽의 주재료는 어떻게 되는가?

발효 반죽에 사용되는 주재료는 강력분, 물, 이스트, 소금의 4가지이다.

강력분은 골격과 글루텐을 형성하며, 물은 재료를 녹이고 글루텐을 형성시키며, 이스트는 반죽 발효를 통해 반죽을 팽창시키고, 소금은 짠맛과 발효를 조절하고 글루텐을 강화시키는 역할을 한다.

순서	재료명	발효 반죽의 재료의 역할	확인
1	강력분	강력분은 발효 반죽에 있어 골격과 글루텐을 형성에 관계하므로 단백질함량이 높은 강력분을 사용한다.	
2	이스트	이스트는 효모균을 당밀의 배양액에 손수 배양하여 원심분리를 거쳐 압축으로 굳어지게 한 것으로, 종류는 생이스트, 드라이 이스트, 인스턴트 이스트가 있다.	
		생이스트는 수분이 많이 들어있기 때문에 효모균이 활성 상태에 있어 장기 보존할 수 없으며 대략 4℃에서 1~2주간 동안 보관이 가능하다.	
		드라이 이스트는 생이스트의 수분을 제거한 것으로 보존성과 발효력이 좋다.	
3	소금	소금은 첫째로 밀가루의 글루텐 형성을 돕고 반죽을 수축시킨다.	
		둘째는 소금에 들어 있는 미네랄 성분이 이스트균의 영양원이 된다.	
		셋째는 소금의 풍미, 짠맛을 준다.	
4	물	물은 재료를 균일하게 혼합하고 서로 접촉시켜 발효를 촉진하는 것이다.	
		물은 반죽 안에서 밀가루 안의 단백질이나 전분의 분자와 화학적으로 연결하는 3가지 작용을 한다.	
		물은 밀가루의 믹싱으로 반죽 안에 물리적으로 들어 있는 것이다.	
		물은 배합 안의 유기물이나 무기물을 녹여가면서 혼합물 안을 자유롭게 돌아다니게 한다.	
5	이스트 푸드	이스트 푸드는 이스트균의 발효 활동을 촉진시키기 위하여 반죽에 넣는 첨가물 수와 종류의 목적에 맞추어 배합한다.	

6	달걀	달걀은 풍미를 좋게 하며, 영양가를 높여준다.	
		노른자에 들어 있는 레시틴의 유화작용으로 밀가루 중에 글루텐의 팽창을 좋게 하고 반죽이 부드럽게 되어 구운 후 제품을 부드럽게 한다.	
7	우유	우유는 발효 반죽의 영양가가 높게 하며, 내상이 부드럽고 표에 구운 색이 좋게 된다.	
8	설탕	설탕은 발효 반죽은 그 첨가의 목적에 따라 2가지로 이스트균의 발효촉진, 제품에 단맛을 주는 것이다.	
9	유지	유지는 반죽의 신장성을 좋게 함과 동시에 제품에 뛰어난 풍미를 주는 역할을 한다.	
		유지는 발효 반죽의 브리오슈처럼 50% 이상이 들어가는 것도 있으며, 과자점에서 만드는 발효 반죽은 유지 첨가량이 많다.	

4. 발효 반죽의 배합은 어떻게 되는가?

발효 반죽의 배합은 단순하며 간단하다. 강력분에 대한 물의 양은 밀가루의 흡수율로 정해지고 이스트 양도 결정되는 베이커리 퍼센트(%)를 사용한다.

5. 발효 반죽의 배합표(베이커리 퍼센트 %)

순서	재 료	배합 비율(%)	배합량(g)	확인
1	강력분	100	100	
2	생이스트	3.5	3.5	
3	버터	5	5	
4	설탕	5	5	
5	탈지분유	2	2	
6	제빵개량제	2	2	
7	달걀	5	5	
8	물(우유)	60	60	
합계	-	182.5%	182.5g	

6. 발효 반죽을 만드는 순서는 어떻게 되는가?

발효 반죽을 만드는 순서는 믹싱, 제1차 발효, 분할, 가스빼기, 둥글리기, 중간발효, 성형, 정형, 제2차 발효, 굽기가 있다.

순서	제조과정	발효 반죽을 만드는 순서	확인
1	믹싱	믹싱은 스트레이트법과 스펀지법으로 나누어진다. 스트레이트법은 모든 재료를 한꺼번에 넣고 믹싱하며 스펀지법은 믹싱을 두 번하는 방법이다.	
2	제1차 발효	제1차 발효는 온도 27°C의 발효실에서 60분간 발효시킨다.	
3	분할	분할은 희망하는 모양의 크기로 저울을 사용하며 과자빵은 50g 식빵은 150~180g 또는 450~600g으로 분할한다.	
4	펀치 (가스빼기)	제1차 발효가 끝난 반죽은 그 상면에 눌러서 이스트 발효에 의해 발생한 탄산가스를 빼는데 작업을 가스빼기, 펀치라 한다.	
5	둥글리기	둥글리기는 가스를 뺀 반죽은 성형에 들어가기 전에 필요한 크기로 분할하여 둥글리기를 한다.	
6	중간발효	중간발효는 과자빵은 10분, 식빵은 15분~20분 정도 휴지시킨다.	
7	성형	성형은 발효 반죽의 제품 형태를 결정하는 작업으로 성형 공정은 둥글리기, 눌러 가스빼기, 접거나 말기 등이 있다. 성형이 적합하지 못하면 구운 제품도 당연히 부적합하게 된다. 발효 반죽의 성형은 여러 가지 방법이 있다.	
8	제2차 발효	제2차 발효는 성형한 반죽을 발효실에 넣어 적당한 습도를 주고 30°C~40°C(38°C)에서 발효를 시킨다. 제2차 발효가 끝나면 반죽은 본래의 2.5~3배로 팽창되어 있다.	
9	굽기	굽기 온도는 200~220°C가 기준이다. 브리오슈, 크로와상은 오븐 온도 180°C, 식빵은 200°C, 과자빵은 210°C, 프랑스빵은 230°C 정도로 굽는다.	

제2절 도넛(Doughnut)은 어떻게 되는가?

1. 도넛은 어떻게 되는가?

도넛은 과자 반죽, 빵 반죽(발효 반죽)을 기름에 튀긴 것으로 링 모양의 튀긴 빵 또는 튀김 과자로서 일반적으로 널리 알려져 있다.

2. 도넛의 종류는 어떻게 되는가?

도넛의 종류는 케이크 도넛, 이스트 도넛, 반죽에 향료, 과일, 견과 첨가 도넛으로 나눈다.

3. 케이크 도넛은 어떻게 되는가?

케이크 도넛은 반죽에 설탕, 버터, 달걀, 팽창제를 첨가하여 성형하여 튀긴 것으로 노화가 느리다.

4. 케이크 도넛 배합표

순서	재 료	배합 비율(%)	배합량(g)	확인
1	박력분	100	100	
2	설탕	25 ~ 40	25 ~ 40	
3	달걀	10 ~ 30	10 ~ 30	
4	향신료	0.5 ~ 2	0.5 ~ 2	
5	탈지분유	4 ~ 8	4 ~ 8	
6	베이킹파우더	3 ~ 5	3 ~ 5	
7	소금	0.5 ~ 2	0.5 ~ 2	
8	물(우유)	30 ~ 35	30 ~ 35	
합계	-	173~222%	173~222g	

5. 케이크 도넛 만드는 순서는 어떻게 되는가?

케이크 도넛 만드는 순서는 반죽 믹싱, 제1차 발효, 성형, 중간발효, 튀기기가 있다.

순서	제조과정	케이크 도넛을 만드는 순서	확인
1	믹싱	믹싱은 크림법으로 볼에 유지와 설탕을 넣고 잘 저어 섞는다.	
		달걀을 깨서 3회 정도 나누어 넣고 잘 섞는 다음, 박력분, 베이킹파우더를 넣고 나무 주걱으로 섞는다.	
		우유(물) 향, 향신료를 넣고 섞는다.	
		프리믹스 사용 시는 2~4분 정도로 믹싱하며 1단계법으로 제조한다.	
2	제1차 발효	제1차 발효는 온도는 27℃로 발효실에서 30분 정도 발효를 시킨다.	
3	성형	성형은 둥글리기, 눌러 가스빼기, 접거나 말기 등이 있다.	
		밀어 펴기는 1cm 정도의 두께로 균일하게 밀어 편다.	
		성형은 도넛 틀(기계)로 찍어낸다.	
4	중간발효	중간발효는 껍질이 마르지 않도록 하고, 재료의 수화(밀가루) 가스 발생(이산화탄소), 껍질 형성을 느리게 한다.	
		중간발효 시간은 10분 정도 휴지시키며, 밀어 펴기, 성형이 용이하게 한다.	
5	튀기기	튀기기 온도는 180~195℃(185~195℃) 정도로 제품의 크기에 따라 조절하며, 튀김 시간은 한 면당 30~45초 정도이다.	
		튀김 온도가 낮으면 기름흡수가 많고, 퍼짐이 크며, 온도가 높으면 속이 익지 않으며 껍질 색깔이 진하다.	

제 **17** 장

공예 과자(장식 과자)는 어떻게 되는가?

제17장

공예 과자(장식 과자)는 어떻게 되는가?

제1절 공예 과자는 어떻게 되는가?

1. 공예 과자는 어떻게 되는가?

공예 과자는 과자 반죽을 사용하여 예술적으로 만드는 과자이다.

2. 공예 과자의 종류는 무엇이 있는가?

공예 과자의 종류는 설탕 공예, 누가 공예, 초콜릿 공예, 파스티아주 공예, 얼음 공예, 비스킷 공예, 머랭 공예, 빵 공예, 버터 공예, 드라제 공예 등 11가지가 있다.

순서	공예과자 종류	공예과자의 종류	확인
1	설탕 공예	불어서 부풀리는 설탕 과자 : 슈그레 스플레(surce souffle)	
		끌어 늘리는 설탕 과자 : 슈그레 티레(sucre tire)	
		흘려 붓는 설탕 과자 : 슈그레 그레(sucre coule)	
		슈그레 푸레(sucre file)	
		슈그레 로쉣(sucre rocher)	

2	누가 공예	누가 공예는 아몬드와 설탕을 캐러멜화한 딱딱한 누가를 사용한다.	
		누가 공예는 엿을 씌운 슈 껍질을 짜 맞춘 크로캉브슈라는 웨딩과자나 허브, 엿(세례)을 씌운 축하용으로 만들어지고 있다	
3	초콜릿 공예	초콜릿 공예는 초콜릿의 틀로 찍어내기 등에 이용되는 여러 가지 형태를 만든다.	
		역형성 있는 초콜릿과 플라스틱도 섬세한 세공에 사용된다.	
4	파스티아주 공예	파스티아주 공예는 슈가파우더와 젤라틴, 고무 등 페이스트 상태의 반죽을 만들어 늘려 펴 틀에서 찍어내 건조시킨 후 조립한다.	
5	마지팬 공예	마지팬 공예는 마지팬을 이용하여 여러 가지 꽃, 동물 등을 만들어 장식한다.	
6	얼음 공예	얼음 공예는 얼음 전용의 끌, 톱, 칼을 써서 조각하는 것으로 정말 호화로운 분위기와 시원한 상태를 연출하여 파티에 쓰인다.	
7	비스킷 공예	비스킷 공예는 쿠키나 비스킷 반죽으로 만드는 공예이다.	
8	머랭 공예	머랭 공예는 흰자에 설탕을 넣고 거품 올린 후 착색, 모양을 낸 공예 과자이다.	
9	빵 공예	빵 공예는 빵 반죽으로 여러 가지 모양을 만드는 공예이다.	
10	버터 공예	버터 공예는 버터를 사용하여 데커레이션을 하는 공예이다.	
11	드라제 공예	드라제 공예는 드라제를 조화시켜 한 개의 모양을 만드는 공예로 결혼식의 부케가 있다.	

제**18**장

얼음과자는 어떻게 되는가?

제18장

얼음과자(Glass)는 어떻게 되는가?

제1절 얼음과자(Glass)의 정의는 어떻게 되는가?

1. 얼음과자는 어떻게 되는가?

얼음과자는 과일의 즙, 와인, 술에 우유, 생크림을 넣어 얼려서 만드는 과자이다.

2. 얼음과자, 아이스크림의 정의는 어떻게 되는가?

얼음과자는 물, 우유, 생크림, 과즙을 얼린 과자이며, 아이스크림은 유지방은 성분은 18% 이상이다.

순서	얼음과자	얼음과자의 정의	확인
1	얼음과자의 정의	얼음과자(글라스, glass) 정의는 프랑스어로 "얼음"의 의미로 얼려서 만드는 과자의 총칭이며 아이스크림이라고 불린다.	
		과즙, 와인, 술 등에 지방(우유)분을 넣는 아이스크림이 있다.	
		과즙, 와인, 술 등에 지방(우유)분을 넣지 않는 셔벗이 있다.	
2	아이스크림의 정의	아이스크림의 정의는 유제품으로 프랑스어로 "글라스(glace)"라 한다.	
		아이스크림은 성분규격이 「유지방분 8% 이상, 이것을 포함하는 유고형분 15% 이상」으로 정해져 있다.	

3. 얼음과자의 종류는 무엇이 있는가?

얼음과자의 종류는 아이스크림, 셔벗, 파르페, 얼린 과일, 얼음 알맹이가 있다.

순서	얼음 과자	얼음 과자의 정의와 특징	확인
1	아이스크림	아이스크림은 생크림, 우유, 설탕을 기본으로 바닐라, 초콜릿, 커피, 캐러멜이나 알코올을 넣어 맛을 변화시키거나 과일이나 과즙을 넣은 아이스크림, 냉동고 등으로 혼합, 동결시킨 것, 노른자를 넣어 맛을 진하게 한 것도 있다.	
2	셔벗 (소르베)	셔벗의 정의는 과즙에 물, 우유, 설탕 따위를 섞어 얼린 얼음과자이다.	
		셔벗의 종류는 포도주, 리큐르, 알코올에 시럽을 섞어 혼합 동결시킨 것으로 과일 퓌레나 과즙에 시럽을 넣어 혼합 동결시킨 것이 있다.	
		셔벗은 식사의 중간에 디저트로 유제품, 지방이 들어있지 않으며, 먹는 것을 부드럽게 만들기 위해 거품 올린 흰자를 넣은 것도 있다.	
3	파르페	파르페의 정의는 아이스크림에 과일이나 초콜릿, 생크림 따위를 곁들여 만든 디저트이다.	
		파르페의 종류는 앙트르메, 수플레, 무스 글라세, 파르페 글라스, 폼므 글라스(bombe glace's)가 있다.	
		파르페는 노른자＋설탕을 혼합해 만들어 거품 올린 크림에 섞은 것으로 술, 과일, 견과, 콩피 등 맛을 바꾸며, 다른 아이스크림이나 소르베와 조화시킨 앙트르메 글라스를 만든다.	
4	얼린 과일	얼린 과일은 과일 껍질을 조려 동결시킨 것으로 표면이 적은 얼음 알맹이로 채워져 있으며, 오렌지, 레몬, 파인애플, 멜론 등의 얼린 과일이 있다.	
5	얼음 알맹이	얼음 알맹이는 셔벗에서 파생된 것으로 안에 가는 얼음 알맹이가 많이 들어있어 상쾌한 풍미를 주는 냉동 가공품이다	

4. 아이스크림 제조의 위생 면의 주의점은 어떻게 되는가?

아이스크림의 제조 시는 세균과 조리장 환경, 살균과 보존에 주의한다.

5. 아이스크림의 제조 시 주의사항은 어떻게 되는가?

아이스크림의 제조 시 주의사항은 세균의 살균, 기구, 도구, 조리장의 살균, 보존과 재료의 비율이 있다.

순서	아이스크림 제조 시 주의사항	확인
1	재료에 부착하고 있는 세균의 살균	
2	살균 불충분한 세균의 살균	
3	물에 들어 있는 세균의 살균	
4	사용하는 프리저, 기구에 있는 세균의 살균	
5	조리장의 환경에 있는 세균	
6	만드는 사람에게 있는 세균	
7	살균 후의 주의	
8	아이스크림의 먹을 시기와 보존의 주의	
9	재료의 비율	

6. 바닐라 아이스크림의 배합표

순서	재료	배합 비율(%)	배합량(g)	확인
1	우유	100	100	
2	설탕	25	25	
3	노른자	18 ~ 20	18 ~ 20	
4	전분	2	2	
5	바닐라 에센스	0.5	0.05	
6	생크림	27	27	
합계	-	172.5 ~ 174.5%	172.5 ~ 174.5%	

7. 바닐라 아이스크림을 만드는 순서는 어떻게 되는가?

바닐라 아이스크림을 만드는 순서는 노른자 거품 올리기, 우유 끓이기, 우유 식히기, 혼합하기, 냉동이 있다.

순서	제조과정	바닐라 아이스크림을 만드는 순서	확인
1	노른자 거품 올리기	노른자 거품 올리기는 볼 안에 달걀노른자를 깨어 넣고 설탕, 전분을 넣고 거품 올릴 정도로 잘 젓는다.	
		노른자에 설탕을 한 번에 넣으면 노른자가 덩어리지는 경우가 있으므로 저어 섞어가면서 넣는다.	
2	우유 끓이기	우유 끓이기는 우유를 불에 올려 75℃까지 데워 노른자의 안에 조금씩 넣어가면서 혼합하여 체질한다.	
		체질하여 낮은 거품은 불순물이 들어 있는 것이 많으므로 버린다.	
		우유는 약한 불에 올려 태우지 않도록 나무 주걱으로 천천히 섞어가면서 조금 끈기가 생기고 부드러운 상태가 될 때까지 끓인다.	
3	우유 식히기	우유 식히기는 끓인 우유를 얼음에 넣고 차게 식힌다.	
4	아이스크림 기계 혼합 하기	완전히 식으면 바닐라를 넣고 아이스크림 기계에서 60% 정도 거품 올리고 혼합, 냉동한다.	
		아이스크림 기계에서 70% 정도 굳어지면 역시 70% 정도 거품 올린 생크림을 넣고 다시 저어서 냉동하여 굳힌다.	
		생크림은 거품 올린 것이 부드럽고 유연하여 입안 촉감이 좋다.	
5	냉동 주의점	냉동 주의점은 아이스크림의 얼린 상태가 적당한 딱딱함으로 동결되면 용기에 넣고 냉동고에 보존한다.	
		혼합냉동의 시간은 아이스크림 기계에 따라 다르므로 기구의 표시에 맞추어야 하며 너무 딱딱하게 되어도 맛이 없다.	

제2절 셔벗(Sherbot 소르베)은 어떻게 되는가?

1. 셔벗은 어떻게 되는가?

셔벗은 과일즙을 설탕, 향이 좋은 양주, 포도주 술 등을 넣고 흰자와 젤라틴을 잘 섞은 액체로 동결시켜 만드는 얼음과자이다.

2. 셔벗의 정의, 역사, 종류는 어떻게 되는가?

셔벗의 정의는 얼음 술이며 종류는 과일즙, 과일 퓌레, 와인을 사용한 것이 있다.

순서	셔벗	셔벗의 정의, 역사 종류	확인
1	셔벗의 정의	셔벗(Sherbot)의 정의는 프랑스어로 「소르베(sorbet)」로 우리말로 번역하면 「얼음 술」이라 할 수 있다. 셔벗(소르베)은 과즙에 설탕, 향이 좋은 양주, 포도주 술 등을 넣고 흰자와 젤라틴을 잘 섞은 액체를 동결시켜 굳힌 과자로 크림 같은 유제품을 포함하지 않는 빙과이다.	
2	셔벗의 역사	셔벗의 역사는 디너 파티, 정찬의 코스를 보면 스프에서 시작하여 생선요리, 앙트르메, 로스트, 샐러드, 디저트, 커피 순으로 되어있다.	
3	셔벗의 종류	셔벗의 종류는 과일즙 셔벗, 퓌레 셔벗, 술 셔벗, 와 셔벗이 있다. 과실 셔벗을 만드는 방법은 2가지가 있으며 당도 18~22℃를 지켜야 맛이 변하지 않는다.	

3. 셔벗의 주의사항, 제공 시 주의점은 어떻게 되는가?

셔벗의 주의사항은 과일 사용 주의점, 시럽의 온도, 동결 상태, 제공 방법이 있다.

순서	제조과정	셔벗의 주의사항, 제공 시 주의사항	확인
1	과일의 사용 주의점	과실의 사용 주의점은 과실을 잘 씻으며 사용하는 도구류도 아이스크림과 같이 소독한다.	
		과실의 껍질을 벗길 필요가 있는 것은 껍질을 벗기고 퓌레로 만든다.	
		과실은 대부분 산을 포함하고 있으므로 급속제의 체를 사용하면 맛이 떨어지므로 반드시 말의 털로 만들어진 체를 사용한다.	

2	셔벗 시럽의 온도	셔벗 시럽의 온도는 온도계로 당도는 당도계로 정확히 계량하여 차게 해둔다.	
		단맛은 온도가 내려가는 것에 의해 단맛을 느낄 수 있으므로 단맛이 강한 것일수록 동결하기 어렵고, 동결하여도 시럽만이 분리해 버린다.	
3	셔벗의 동결 상태	셔벗의 동결 상태는 셔벗 반죽이 딱딱하게 너무 얼면 바삭바삭하여 입안 느낌이 나쁘게 되며 반대로 동결 불충분한 경우는 물기가 있게 된다.	
		냉동고를 사용하지 않고 얼리는 경우 혼합이 부족하면 표면에 물이 뭉쳐지게 되어 그 수분만이 얼게 되어 과즙과 시럽이 분리하므로 주의한다.	
		샴페인 술과 같은 발포성이 있는 술을 추가하는 경우는 시럽과 혼합하여 바로 동결하지 않으면 맛이 빠져나가 버린다.	
		만들어서 장시간 놓아두는 것도 좋지 않으며 제공할 때를 생각하여 동결시켜야 한다.	
		셔벗은 음식이 아니고 부드러운 음료이므로 얼음처럼 딱딱하게 동결시켜선 안 된다.	
		셔벗은 아이스크림보다 조금 적게 혼합하여 저어서 만든다.	
4	셔벗의 제공 방법	셔벗의 제공 방법은 일품요리와 디저트에 제공하는 것보다 조금 적은 30~40% 정도이다.	
		셔벗의 제공 방법은 녹기 쉬우므로 기구는 다리가 붙은 컵, 손잡이 달린 셔벗 컵을 사용하는 것이 좋다.	

참 고 문 헌

디저트, 송영광, 신광출판사, 2013

디저트, 안호기, 교문사, 2010

디저트 로드, 이지혜, 시대인, 2016

디저트플리즈, 장윤정, 프로젝트A, 2019

레꼴두스의 시크릿 레시피, 정홍연, (주)비앤씨월드, 2012

맛있는 과자만들기, 신길만, 신광출판사, 2013

배우기 쉬운 제과제빵 이론과 실기, 백재은, 주나미, 정희선, 정현아, 교문사, 2018

왕초보 파티쉐 프로만들기, 신길만, 백산출판사, 2013

제과실무론, 신길만, 백산출판사, 2003

제과실습, 신길만, 강민호, 신솔, 백산출판사, 2020

제과이론, 이재진, 김동호, 백산출판사, 2006

제과제빵기능사, 김성영, 김정희, 박정연, 다락원, 2019

제과제빵 기능사 실기, 양혜영 외 7인, 형설출판사, 2015

제과제빵기능사 실기 및 실무, 김종욱 외 4인, 백산출판사, 2015

제과제빵재료학, 신길만, 교문사, 2001

제과학의 이론과 실제, 신길만, 백산출판사, 2005

프랑스 디저트 수업, 오모리 유키코, 성안북스, 2018

저자약력

■ 신길만

경기대학교 대학원 경영학석사, 조선대학교 일반대학원에서 이학박사 학위를 취득하였다.
초당대학교, 전남도립대학교, 순천대학교, 미국의 캔자스주립대학교 연구교수를 역임하였다.
일본에서 다년간 유학하였고, 일본 동경제과학교에서 교직원으로 학생들을 가르치기도 하였다.
이러한 오랜 일본 생활에서 습득한 여러 가지 일본문화와 일본어 회화를 체계적으로 특히 제과
제빵 관련 실무를 중심으로 가르치고 있는 중이다. 그리고 제과학의 이론과 실제, 베이커리 경영
론, 제과제빵일본어 등 50여 권의 저서를 집필하였다.
현재는 김포대학교 호텔조리과 교수로 재직 중이며 한국조리학회 부회장, 김포시어린이급식관
리지원 센터장 등으로 사회활동을 하고 있다.

■ 신 솔

일본 동경에서 출생하여, 미국 캔자스주 맨해튼고등학교(Manhattan High School), 중국 상해
신중고등학교 등에서 수학하였다.
국립순천대학교 영어교육과, 조리교육과를 졸업하였으며 경희대학교 관광대학원 조리외식경영
학과를 졸업하여 경영학석사를 취득하였으며, 연구조교로 근무하였다.
현재는 KATO 카페를 경영하고 있다.

■ 안종섭

일본 동경제과학교 본과 양과자과 졸업, 일본 제빵연구소(JIB) 졸업, 서울대학교 식품영양산업
최고위과정 수료하고 경기대학교에 재학 중이다.
자격 사항은 대한민국 산업현장교수, 숙련기술인 취득, 대한민국 제과기능장, 조리기능인을 취
득하였으며, 서울 나폴레옹과자점 공장장, 서울 하이제과자점 공장장, ㈜파리크로와상 책임연구
원, 한국제과기술경영연구협의회 기술 부회장, 기능경기대회, 대한제과협회, 국가기술자격검정
심사위원을 역임하였다.
JAPAN 제과기술경연대회 대상, 전국호두제품 경연대회 금상, 국제요리경연대회 디저트부문 대상을
수상하였으며, 은탑산업훈장, 문화체육부 장관상, 여성가족부장관상, 서울특별시장상, 서울대학교
총장상을 수상하였다. 4인의 파티시에, 성심당 케익부띠크 등 7권의 저서를 집필하였다.
현재는 로쏘 ㈜성심당 연구소장 및 생산 총괄이사로 재직 중이다.

저자와의
합의하에
인지첩부
생략

새로운 제과이론의 실제

2020년 8월 20일 초판 1쇄 인쇄
2020년 8월 25일 초판 1쇄 발행

지은이 신길만 · 신 솔 · 안종섭
펴낸이 진욱상
펴낸곳 (주)백산출판사
교 정 박시내
본문디자인 오행복
표지디자인 오정은

등 록 2017년 5월 29일 제406-2017-000058호
주 소 경기도 파주시 회동길 370(백산빌딩 3층)
전 화 02-914-1621(代)
팩 스 031-955-9911
이메일 edit@ibaeksan.kr
홈페이지 www.ibaeksan.kr

ISBN 979-11-6567-144-0 13590
값 18,000원